Pense como um CIENTISTA

Sutilezas científicas para esclarecer
e aumentar seus conhecimentos

Anne Rooney

Pense como um CIENTISTA

Sutilezas científicas para esclarecer e aumentar seus conhecimentos

M.Books do Brasil Editora Ltda.
Rua Jorge Americano, 61 - Alto da Lapa
05083-130 - São Paulo - SP - Telefone: (11) 3645-0409
www.mbooks.com.br

Dados de Catalogação na Publicação

ROONEY, Anne
Pense como um cientista / Anne Rooney
São Paulo – 2023 – M.Books do Brasil Editora Ltda.

1. Ciências 2. Física 3. Matemática 4. Conhecimentos gerais
5. Interesse geral

ISBN: 978-65-5800-116-4

Do original: *Think like a scientist*
Publicado originalmente pela Arcturus Publishing Limited

©2020 Arcturus Publishing Limited
©2023 M.Books do Brasil Editora Ltda.

Editor: Milton Mira de Assumpção Filho

Tradução: Ariovaldo Griesi
Produção editorial: Gisélia Costa
Editoração: 3Pontos Apoio Editorial Ltda
Capa: Isadora Mira

2023
M.Books do Brasil Editora Ltda.
Todos os direitos reservados.
Proibida a reprodução total ou parcial.
Os infratores serão punidos na forma da lei.

SUMÁRIO

INTRODUÇÃO   Por que a ciência é importante? 7

CAPÍTULO 1   Os seres humanos são o ápice da evolução? 11

CAPÍTULO 2   Por que os carros não são movidos à água? 20

CAPÍTULO 3   Como se forma um arco-íris? 26

CAPÍTULO 4   Por que um gato sempre cai sobre as patas? 32

CAPÍTULO 5   Por que o solo é marrom? 37

CAPÍTULO 6   Por que não vamos até Marte? 42

CAPÍTULO 7   Podemos trazer os dinossauros de volta à vida? 51

CAPÍTULO 8   Um supervulcão pode acabar com a humanidade? 58

CAPÍTULO 9   Poderemos viver mil anos? 68

CAPÍTULO 10   Por que os satélites não caem? 77

CAPÍTULO 11   O que aconteceria se você caísse em um buraco negro? 85

CAPÍTULO 12   Por que não podemos "desfritar" um ovo? 90

CAPÍTULO 13   É possível conversar com os animais? 93

CAPÍTULO 14   O que está acontecendo com o clima? 103

CAPÍTULO 15   Será o fim dos antibióticos? 113

CAPÍTULO 16   As células-tronco são o futuro da Medicina? 118

CAPÍTULO 17   Como uma lagarta se transforma em borboleta? 125

CAPÍTULO 18   Qual é o jeito mais econômico de se dirigir um carro? 129

CAPÍTULO 19   Por que encontramos fósseis de conchas em montanhas? 137

CAPÍTULO 20   Será que as plantas sentem dor? 143

CAPÍTULO 21   Todas as pessoas veem as mesmas cores? 152

CAPÍTULO 22   Estamos próximos de descobrir a cura do câncer? 158

CAPÍTULO 23   Máquinas inteligentes podem assumir o controle? 165

CAPÍTULO 24   Qual é a diferença entre uma pessoa e uma alface? 172

CAPÍTULO 25   O Universo se extinguirá algum dia? Como? 176

Crédito das imagens

Corbis: p. 32 (Ikon Images)
ESA/Hubble & Nasa: p. 29
Shutterstock: p. 7, 8, 11, 16, 20, 21, 22, 26, 27, 28, 37, 38, 42, 48, 51, 56, 58, 59, 60, 64 (em cima), 66, 68, 70, 71, 77, 85, 90, 93, 100, 102, 103, 106, 111, 112, 113, 118, 123, 124, 125, 126, 129, 137, 138, 139, 140, 142, 143, 152, 158, 160, 165, 172, 176, 180
Desenhos de David Woodroffe: 30, 40 (2x), 43, 44, 45, 52, 64 (embaixo), 108, 133, 154, 177, 179, 219

INTRODUÇÃO

Por que a ciência é importante?

A palavra "ciência" vem do latim scientia, de scire, "conhecer". O verdadeiro sentido da ciência não se restringe a nenhum conjunto específico de assuntos; ao contrário, abarca todo o conhecimento.

Ter conhecimentos de ciências significa entender o mundo ao nosso redor – e até mesmo o mundo dentro de nós – e como ele funciona. É de longe muito mais abrangente do que a disciplina Ciências do currículo escolar.

Uma longa história

A ciência é um empreendimento que se iniciou no tempo da Grécia Antiga – no mínimo, mas pode ter sido bem antes – de acordo com registros e, sob certos aspectos, na Mesopotâmia, há 4.000 anos. Mas nem tudo foi um mar de rosas. Em algumas partes do mundo houve longos períodos em que a ciência foi deixada de lado ou até mesmo proibida. Nesses períodos, as pessoas adotaram diferentes princípios organizadores, como apelar para explicações de cunho espiritual e místico para os fenômenos. Muitas vezes a ideia de

Tradições da Antiguidade: neste painel em relevo de 865-860 a.C., o rei Ashurnasirpal aparece duas vezes, dos dois lados de uma árvore sagrada, possivelmente simbolizando a vida.

que apenas certos tipos de conhecimento deveriam ser buscados cerceou a investigação científica.

A ciência caracteriza-se por uma forma particular de organizar o conhecimento. Essa forma foi desenvolvida ao longo dos séculos XVII e XVIII, quando as pessoas passaram a ter interesse em descobrir as leis da natureza que governam o comportamento do Universo físico.

O método científico

O método científico que está no cerne da ciência moderna surgiu durante o Iluminismo, período de renovado interesse em se investigar o mundo físico e natural. O método se baseia no empirismo – aquilo que pode ser observado e testado objetivamente, e não apenas através da razão.

Uma ideia (teoria ou hipótese) surge de observações do mundo e de pensamentos sobre a razão para algo ser como se apresenta. Alguém observou que plantas crescem melhor na parte do terreno em que há Sol do que na parte com sombra, assim, propôs que a luz solar contribui para o crescimento das plantas. A hipótese poderia então ser testada por meio de experimentos ou observações estruturadas, e os resultados examinados de forma desapaixonada

A HIPÓTESE DEVE SER PASSÍVEL DE NEGAÇÃO

Pode parecer uma maneira estranha de encarar as coisas, mas se uma hipótese é válida ou não depende de se provar que ela está errada. Por exemplo, para demonstrar que a hipótese de que "todos os cães são maiores de 5 cm" é falsa, basta encontrar um cão menor; mas não se consegue demonstrar que ela é verdadeira, para isso é necessário examinar todos os cães que já viveram ou que algum dia existirão.

e objetiva para determinar se eles corroboram ou não a hipótese. Muitos de nós empregamos esse método nas aulas de Ciências na escola ao fazermos experimentos simples, como a hipótese de que o açúcar se dissolve mais rapidamente em água quente do que na água fria, ou que um caminhão se desloca mais rápido em uma descida mais acentuada do que em uma mais suave. Mas nas aulas de Ciências da escola, tanto o professor quanto o livro-texto (e muitas vezes o próprio aluno) já têm a resposta.

Na ciência do mundo real, geralmente a resposta não é conhecida. Algumas hipóteses são muito especulativas e se mostram erradas. Outras parecem bem óbvias, mas ainda precisam ser testadas antes de serem consideradas a representação precisa de um fato.

É perfeitamente possível se chegar à conclusão errada sobre as circunstâncias simplesmente as examinando. Antes da invenção do microscópio, por volta de 1600, as pessoas pressupunham, com certa razão, que os menores seres vivos eram pequenos insetos, como pulgas. Hoje sabemos que a maior parte dos seres vivos do mundo são muito menores do que pulgas e podem ser vistas apenas com a ajuda de um microscópio (daí o prefixo "micro" no nome). A maneira de vermos o mundo e as deduções a que chegamos sobre ele foram modificadas com a invenção do microscópio.

Por que é importante que você tenha conhecimentos da ciência?

Curiosamente, virou moda no final do século XX dizer: "Não sei nada sobre ciências ou matemática". Havia uma crença popular de que o conhecimento científico conflitava, de certo modo, com o fato de um indivíduo ser culto quando, na realidade, é fundamental que isso aconteça. Em 1959, o cientista e romancista inglês C. P. Snow deu uma memorável palestra em que frisou a distância e até mesmo animosidade entre as "duas culturas", a da ciência e a das artes ou humanidades. Essa profunda divisão na vida intelectual,

10 • INTRODUÇÃO

acreditava ele, retarda o progresso humano. A divisão se manteve e até mesmo aumentou nas décadas seguintes. Talvez ela esteja diminuindo hoje em dia, mas está longe de desaparecer.

Entretanto, cada vez mais pessoas reconhecem, atualmente, que ter conhecimentos de ciência não é sinal de falta de cultura, mas justamente o contrário. A apreciação fundamentada do mundo que nos cerca e o conhecimento básico das leis que o regem nos coloca em uma condição em que passamos a tirar o máximo proveito da vida e dos recursos que o planeta disponibiliza a nossa espécie. A perda de ambientes selvagens foi lamentada poeticamente por escritores do século XIX como Wordsworth ou Thoreau e demonstrou a necessidade de se descobrir como renovar e proteger o meio ambiente. Mas o remorso diante do que os seres humanos fizeram (e continuam fazendo) ao mundo, invocado na literatura, pode ser aproveitado e transformado em ação útil para evitar a continuação desse comportamento pela aplicação da ciência e do conhecimento.

Esteja preparado

Entender um pouco de ciências possibilita a tomada de decisões bem fundamentadas e nos protege contra fraudes praticadas por grandes empresas, pela mídia e pelos governos contra um público desinformado. O conhecimento protege contra alarmismos e trapaças, além de aumentar nosso engajamento e a admiração pelo mundo que nos rodeia.

Este livro está longe de querer cobrir todos os aspectos da ciência que trazem o conhecimento divulgado em cada notícia da mídia ou tema atual. Mas o conteúdo dele o ajudará a pensar com mais cuidado sobre as notícias com as quais você se depara e sobre o mundo da natureza. Ele pode encorajá-lo a adotar uma posição que revela curiosidade, mais questionadora ou "científica" e com respeito à organização sistemática do conhecimento que alicerça o mundo moderno.

> "E assim o grande edifício da física moderna vai ganhando mais andares e a maioria das pessoas mais inteligentes do mundo ocidental tem tanto conhecimento sobre o assunto quanto seus ancestrais neolíticos."
>
> C. P. Snow

CAPÍTULO 1

Os seres humanos são o ápice da evolução?

Gostamos de imaginar que nos encontramos no alto da árvore evolutiva – mas realmente estamos? E haveria realmente uma árvore a ser escalada para alcançarmos o topo?

Escada, cadeia ou árvore?

Há mais de dois mil anos, o filósofo grego Aristóteles escreveu sobre a *scala naturae* ou "escada da natureza". Ele classificou os organismos (seres vivos) em ordem hierárquica, dos níveis mais baixos – plantas simples – aos mais avançados – seres humanos. Ele não se fundamentou simplesmente no sentimento de o ser humano se sentir superior em relação a cogumelos ou peixes. A proposta de Aristóteles era de que cada organismo possui um diferente tipo de alma, de acordo com sua natureza e necessidade. A alma, alegava ele, confere à matéria física do corpo suas capacidades.

12 • CAPÍTULO 1

De acordo com Aristóteles, a alma da planta dá conta apenas de seu crescimento e da manutenção da vida, ao passo que a alma do animal tem capacidade de crescimento, manutenção da vida e movimentação. Um ser humano é mais sofisticado ainda, porque tem de fazer tudo isso e ainda ser capaz de raciocinar. Para os antigos gregos, a alma racional colocava os seres humanos no topo da escada.

Aristóteles também estabelecia uma distinção entre as categorias amplas plantas/animais/humanos. Ele considerava as árvores superiores a plantas menores, e animais dotados de circulação sanguínea (como os lobos) superiores a animais não dotados de circulação sanguínea (como as aranhas). A distinção entre esses dois tipos de animais coincide com a divisão moderna vertebrados/invertebrados (animais com ou sem coluna vertebral).

No século III a.C., o filósofo egípcio-romano Plotino acrescentou um novo degrau ao topo da escada, que seria reservado aos deuses. Com o advento do cristianismo, as teorias da Grécia Antiga foram assimiladas ao pensamento católico sempre que possível. A escada da natureza tornou-se a "grande cadeia do ser". Os deuses pagãos foram substituídos no topo por diferentes classes de anjos e arcanjos, com o Deus cristão na parte mais alta. Assim como o modelo de Aristóteles tinha organismos em distintos degraus, ascendendo do mais baixo ao mais alto, a cadeia ou corrente tinha elos discretos. Embora uma corrente possa ficar amontoada e enrolada no chão, essa não podia. Ela foi estendida verticalmente, com os anjos no topo e os organismos inferiores – algas, quem sabe – na parte de baixo.

Na Idade Média já se conhecia um número bem maior de organismos do que os que foram familiares a Aristóteles, e outros mais foram continuamente sendo descobertos ao longo dos séculos por aventureiros, exploradores e conquistadores europeus que viajaram para lugares bem distantes. As Américas, Ásia, ilhas do Pacífico e Australásia – em todos esses locais se acrescentavam novos seres que tinham de ser encaixados na cadeia, e assim o foram. A crença prevalente era que a Criação havia sido completa – Deus havia criado um mundo perfeito, com cada organismo ocupando um nicho, não deixando nenhum espaço sem preencher, mesmo se as pessoas ainda não tivessem encontrado todos os organismos.

Em uma cadeia, tudo é interligado. Em vez de dar um passo acima, passando de plantas para animais, como em uma escada, o modelo encadeado propunha elos (ou ligações) intermediários. Esses elos poderiam ser representados por organismos que se supunha compartilharem aspectos de ambos – portanto, ostras ou esponjas que não se movem estão na fronteira entre plantas e animais. Mas outros híbridos estranhos também foram descritos como gansos-marisco, que se acreditava crescerem em árvores.

Nenhuma mudança

Os dois modelos, tanto o da escada quanto o da cadeia descrevem uma ordem estática. As religiões abraâmicas insinuam a imutabilidade da natureza. No relato da Criação no Gênesis, Deus criou as plantas, depois os animais e, finalmente, o ser humano. Os demais organismos foram criados simplesmente para atender à espécie humana e, portanto, ela é superior às demais. Tão importante quanto a superioridade dos humanos é a ideia de que todos os organismos sempre existiram desde o princípio. A Criação era, ao mesmo tempo, perfeita e completa: o mundo não mudava e jamais mudou. Como poderia ele mudar, se Deus havia criado um mundo perfeito? A descoberta dos fósseis refutou essa ideia.

GANSOS-MARISCO – NASCIAM DE PERCEBES, CRESCIAM EM ÁRVORES

Como poderia uma sociedade sem a mínima ideia de aves migratórias explicar o fato de nunca terem visto gansinhos ou seus pais em um ninho? Concluíram então que os gansos nasciam de percebes[NT-1] (um tipo de marisco), que são normalmente encontrados presos a restos de madeira vindos do mar. Imaginava-se que a madeira havia caído no mar junto com as "bagas de gansos" em fase de crescimento. Quem sabe eles teriam sido produzidos da seiva contida na árvore. Imaginava-se que os percebes ficavam suspensos em árvores às centenas e, quando menos se esperava, chegavam à maturidade e os gansos saíam voando ou caíam no mar para, em seguida, sair nadando. Hoje sabemos que os gansinhos nascem de ovos, como qualquer outra ave.

Foram encontrados fósseis de criaturas marítimas no interior bem distante da costa, até mesmo em colinas e montanhas. Em seguida, começando para valer no início do século XIX, as pessoas passaram a descobrir fósseis de animais muito diferentes daqueles que viviam à época. Primeiramente

---

[NT-1] Antes da humanidade obter conhecimento sobre migração de aves, pensava-se que esse tipo de ganso (*Branta leucopsis*) se desenvolvia dos moluscos percebes. A confusão surgiu pela semelhança na cor e na forma. Há todo um mito envolvendo essa questão. Para mais detalhes, consulte os textos nos endereços a seguir: https://scienceblogs.com/evolvingthoughts/2006/08/15/tales-of-the-barnacle-goose; www.amusingplanet.com/ 2020/ 03/ barnacle-goose-bird-that-was-believed.html; www.countrylife.co.uk/nature/barnacle-geese-the-curious-tale-of-the-bird-which-people-believed-grew-on-trees-and-even-linnaeus-bought-into-the-legend-236035.

14 • CAPÍTULO 1

foram descobertos restos fósseis de plesiossauros e ictiossauros, seguidos por iguanodontes e hadrossaurídeos. A conclusão de que grandes animais não familiares uma vez andaram (e nadaram) pela Terra passou a ser irresistível para muitos cientistas, embora alguns continuassem presos à narrativa da Criação e tentassem, de alguma maneira, dar uma explicação satisfatória para as recentes descobertas. Na segunda metade do século XIX e nos primeiros anos do século XX, foram descobertos os grandes dinossauros – apatossauros, tiranossauros, estegossauros, triceratopes – e a visão dos humanos sobre o passado mudou para sempre.

O desenvolvimento da evolução

A teoria da evolução não nasceu totalmente formada de lugar algum (nem da cabeça de Darwin) em meados do século XIX. Mesmo antes de Aristóteles, alguns gregos já tinham ideias protoevolutivas.

Anaximander (cerca de 611-547 a.C.) propôs que os primeiros animais foram formados de lama borbulhante. Inicialmente eles viveram na água, mas à medida que a terra e a água foram se separando ao longo do tempo, alguns se adaptaram à vida na terra. Ele acreditava que mesmo os seres humanos haviam se desenvolvido dos animais mais antigos parecidos com peixe. Depois de um início promissor, contudo, o pensamento ocidental fixou-se na teoria da imutabilidade da Criação. Ideias ligadas à evolução ficaram esquecidas por cerca de 2.000 anos no Ocidente.

A partir do século XVIII, começaram a se acumular evidências de que os organismos mudam efetivamente. O maior interesse pela taxonomia (a classificação científica dos seres vivos), particularmente após o trabalho do naturalista sueco Carl Linnaeus (1707-1778), mostrou que havia claras similaridades entre espécies geograficamente bem afastadas. Camelos e lhamas são semelhantes, assim como existe semelhança entre jaguares e leopardos, embora haja um oceano separando os territórios desses animais. Os cientistas tentaram explicar esses enigmas inicialmente pelo pensamento tradicional cristão. Pode ser que os organismos tenham começado perfeitos, mas tenham se degenerado ao longo do tempo. Ou se todos eles tivessem surgido no distante norte e se deslocado no sentido sul, isso explicaria como animais do Novo e do Velho Mundo seriam semelhantes – tanto a lhama quanto o camelo poderiam ter se degenerado à medida que se deslocavam ao longo do tempo e do terreno. De certa forma o Gênesis deu um desconto para a degeneração, já que a queda do homem havia denegrido a imagem da Criação. A espécie

OS SERES HUMANOS SÃO O ÁPICE DA EVOLUÇÃO? • **15**

humana poderia continuar no topo da pilha de seres não angélicos, mesmo que os degraus ou interligações tivessem se deslocado um pouco.

O naturalista francês Jean-Baptiste Lamarck (1744-1829) sugeriu que em vez de degenerarem, os organismos passaram por aperfeiçoamento ou, ao menos, adaptação. Ele acreditava que as mudanças ocorriam à medida que os animais lutavam pela sobrevivência. Então um animal como a girafa, por exemplo, que estava constantemente tentando alcançar as folhas mais suculentas no alto de uma árvore tinha de esticar o pescoço e os resultados desse processo de estiramento eram passados para a próxima geração, de modo que ao longo do tempo seus descendentes acabariam ficando com o pescoço cada vez mais comprido. Dessa forma, a luta pela vida era acumulada pela herança, em uma sequência contínua.

Erasmus Darwin (1731-1802), contemporâneo de Lamarck, concordava com essa visão. Ele sugeriu que toda vida havia evoluído de um ancestral comum ao longo de um período muito longo. A história da vida poderia ser considerada um "único filamento" ligando passado e presente. Ele também propôs a ideia de seleção sexual. Muitos animais competem por parceiras, portanto: "O desfecho final dessa disputa entre machos parece ser que o animal mais forte e mais ativo deve propagar a espécie que deveria então ser aperfeiçoada".

Evolução em destaque

Em 1831, o neto de Erasmus, Charles Darwin (1809-82), tinha 22 anos quando partiu numa jornada ao redor do mundo no navio *HMS Beagle* para levantamento hidrográfico. Ele ocupava o cargo de naturalista oficial da viagem e, ao longo dos quatro anos e nove meses seguintes coletaria amostras de plantas, animais e fósseis, faria copiosas anotações, observaria animais e plantas em seus hábitats naturais, e ficaria maravilhado tanto com a diversidade quanto com as notáveis similaridades que testemunhou no mundo natural. Toda vez que chegava a um porto suas descobertas mais recentes eram empacotadas e remetidas para a sede de seu escritório para serem estudadas e admiradas pela comunidade científica na Inglaterra. Na época em que retornou, havia se tornado um renomado cientista. Mas até 1838 ele não havia conseguido chegar a nenhuma grande solução para a questão de como aquela diversidade e similitudes haviam chegado àquele ponto, e somente começou a escrever para valer em 1842. Apenas em 1859 conseguiu finalizar e publicar aquele que se tornou o livro que mudaria a visão de mundo, *Da Origem das Espécies por meio da Seleção Natural.*

Similaridades entre as espécies: o camelo é um animal do Velho Mundo que vive no norte da África, no Oriente Médio e espalhado pela Mongólia. A lhama é a versão correspondente do Novo Mundo, encontrada na América do Sul.

Darwin não apenas se propôs a demonstrar que as espécies mudam ao longo do tempo, mas a explicar a razão disso. Ele cita o método da seleção artificial usado por agricultores e columbófilos para criar animais (ou cultivar plantas) que tenham as características por eles desejadas: a criação seletiva reforça os traços desejados. A natureza, disse Darwin, faz o mesmo. Porém, na natureza tal seleção serve para tornar os organismos mais bem adaptados a seus estilos de vida e ambientes, e não para ser mais útil ou atrativo para os humanos. A adaptação que faz com que o animal se torne mais capaz de encontrar alimento, mais atrativo para parceiras ou mais capacitado para lidar com diferentes hábitats provavelmente será reforçada ao longo do tempo. Darwin chamou isto de "variação por seleção natural". Com o tempo, as espécies mudam por este processo de variação e criam-se espécies inteiramente novas. A ideia de que na Criação os animais e as plantas foram produzidos puramente para uso e interesses da humanidade foi derrubada. Darwin mostrou que os organismos atendem às suas próprias necessidades. E onde fica a humanidade nessa história toda?

Qual é a questão?

A evolução no modelo darwinista não tem um objetivo. Os organismos não desenvolvem características para realizarem alguma coisa, entretanto, variações fortuitas que atendem a um dado organismo para realizar algo útil provavelmente serão retidas e reforçadas por gerações. Da mesma forma, características antigas que não são mais úteis, como pernas em cobras, são descartadas.

De geração em geração aparecerão muitas e diversas variações entre os membros de uma mesma espécie, algumas das quais serão desvantajosas. Uma lagartixa que nasce sem olhos não será tão bem-sucedida em encontrar alimento à luz do dia do que uma dotada de olhos. Mas se uma lagartixa começar a habitar um ambiente totalmente escuro, como uma cova profunda (como algumas fazem), o esforço investido para desenvolver e manter olhos é desperdiçado. Os olhos poderiam até ser uma desvantagem nessa situação, pois eles são vulneráveis a lesões. Portanto, uma lagartixa sem olhos pode ser mais bem-sucedida. Mesmo assim, a evolução não tem um objetivo, ela "tropeça na direção correta" – fazendo uso de uma das primeiras críticas de Darwin.

Quem está no topo?

Os primeiros modelos da "escada da natureza" e da "grande cadeia do ser" organizavam o mundo natural numa hierarquia.

Darwin delineou a estrutura da evolução como uma árvore com muitos ramos que vão se subdividindo sucessivamente à medida que novas espécies se originam das mais antigas. Entretanto, mesmo ele tende a colocar os seres humanos em uma posição dominante, naturalmente no topo da árvore. Na realidade, cada organismo bem-sucedido se encontra no final de um ramo, da mesma forma que nenhum graveto em uma árvore é mais importante do que outro; portanto, nenhum organismo resultado da evolução é "melhor" do que qualquer outro.

Hoje em dia as relações evolutivas entre os organismos são representadas na forma de cladogramas (representações gráficas em forma de árvores), que mostram onde divergências significativas de um caminho evolutivo produziram um novo ramo. Cada grupo de organismos é mostrado no mesmo patamar horizontal; portanto, não há sugestão alguma de que um é mais desenvolvido do que outro. Para representar a biosfera inteira, o cladograma é mostrado como um círculo com todos os organismos em torno da borda.

Onde é o topo?

A ideia de que os seres humanos são o organismo mais avançado ou mais evoluído vem do fato de que julgamos o que é avançado ou útil pelos padrões

18 • CAPÍTULO 1

humanos, claro. Prezamos a inteligência e achamos que somos os animais mais inteligentes. Entretanto, nossa definição de inteligência se baseia em valores e realizações humanas; portanto, trata-se mais de uma afirmação para se justificar: os seres humanos são mais inteligentes, porque a inteligência é a maior capacidade humana. Por meio de uma medida diferente de inteligência, os golfinhos e as baleias podem ser considerados mais inteligentes do que nós. Eles não constroem cidades complexas ou ferramentas sofisticadas, não temos conhecimento de terem música, literatura ou filosofia (embora não possamos excluir essa possibilidade) e a fisiologia deles é tal que seria difícil criarem e produzirem, digamos, circuitos eletrônicos (e não ajuda o fato de viverem embaixo d'água – ambiente não compatível com a eletricidade). Mas não temos a mínima ideia de quais seriam as realizações dos cetáceos ou como nós seríamos avaliados pelos padrões dos cetáceos – uma espécie que destrói o meio ambiente e mata seus pares por motivos torpes provavelmente ocuparia um grau muito baixo na escala de inteligência cetácea.

Mas afinal, por que usar a inteligência como padrão comparativo? Se classificássemos os organismos por eficiência na locomoção, longevidade ou capacidade de voar, o ser humano não se daria muito bem. De forma similar, se julgássemos o "nível evolutivo" pela capacidade de um organismo se adaptar ao ambiente para sobrevivência, ou o período em que uma espécie se manteve bem-sucedida, não obteríamos uma classificação muito boa. As cianobactérias são extremamente simples em termos fisiológicos, mas estão por aí há cerca de 3,5 bilhões de anos, portanto, são verdadeiros sobreviventes. Os seres humanos modernos estão no mundo há menos de um milhão de anos – e talvez não sobrevivam o bastante para alcançar a marca das cianobactérias.

Qualquer sugestão de que os seres humanos se encontram no "ápice" da evolução também teria de afirmar que a evolução – pelo menos no caso dos humanos – parou. Até que a humanidade seja extinta, continuamos e estamos sujeitos à variação e à evolução, assim como todos os demais organismos. À medida que formos modificando o meio ambiente, provavelmente passaremos por modificações para nos adaptarmos a ele. Há um longo período entre gerações, portanto, nossa evolução não pode ser tão rápida quanto a dos insetos, bactérias ou animais menores. Não obstante, ela está em curso.

EVOLUÇÃO EM RITMO ACELERADO

Pensamos na evolução como algo avançando lentamente, mas não é necessariamente o caso. Embora Darwin houvesse sugerido que ela fosse lenta e contínua, pesquisas mais recentes sugerem que possa ocorrer em saltos repentinos e rápidos. Todos os organismos descritos a seguir se adaptaram rapidamente a mudanças que o ser humano tem causado a seus ambientes.

- Os peixes no poluído rio Hudson se tornaram resistentes a toxinas que originalmente envenenavam muitos deles.
- Um número cada vez maior de elefantes nasce sem as presas, fazendo que não sejam mais vítimas de caçadores clandestinos de marfim.
- Algumas espécies que foram pescadas em demasia se adaptaram para atingir a maturidade em tamanhos menores, fazendo com que sua pesca se torne antieconômica para barcos pesqueiros.
- Mariposas salpicadas de preto, originalmente de cor esbranquiçada, se tornaram escuras à medida que a poluição foi enegrecendo as superfícies em que viviam (as mariposas claras eram facilmente visíveis a predadores). Atualmente, com superfícies mais limpas e ar mais puro, as mariposas salpicadas de preto se tornaram claras novamente.

CAPÍTULO 2

Por que os carros não são movidos à água?

Andar de carro pesa no bolso e queimar combustíveis fósseis é prejudicial ao meio ambiente. Temos realmente de fazer isso?

Como funcionam os carros?

Os automóveis são acionados por um motor de combustão interna. Seu princípio de funcionamento é simples, ainda que o motor em si pareça complicado. A força propulsora ocorre dentro de uma câmara chamada cilindro. Basicamente, gotículas de combustível são misturadas com ar, arrastadas para dentro do cilindro, comprimidas e inflamadas. É esse processo de pôr fogo nas gotículas de combustível que libera a energia aproveitada para mover o veículo. Entenda melhor como isso funciona.

O cilindro é uma câmara com paredes metálicas rígidas. Ele precisa conter as explosões, portanto, tem de ser robusto. Ele tem um pistão móvel que se movimenta suavemente para cima e para baixo. O pistão se ajusta

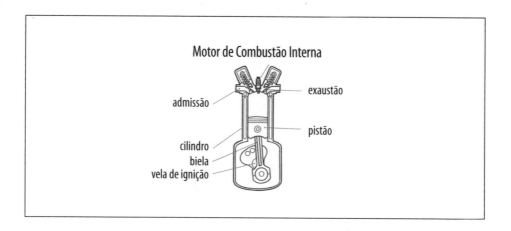

perfeitamente (de forma justa), e tem boa vedação com o cilindro para manter a pressão e impedir que haja fuga dos gases da combustão. Há duas válvulas na parte superior do cilindro: uma que permite a entrada de ar e vapores de gasolina e a outra que permite que os gases da exaustão saiam.

O trabalho é realizado pelo combustível, pelo ar e uma vela de ignição. A vela produz uma centelha que inflama o combustível. A gasolina só queima no ar; portanto, o ar é tão importante quanto o combustível.

O motor pega a energia química do combustível e a libera na forma de movimento (energia cinética) e calor. O movimento do pistão é transferido por uma biela para o eixo de manivela, que transforma o movimento (linear) de cima para baixo do pistão em movimento (rotatório) circular. O eixo de manivela está conectado ao semieixo, que se conecta aos eixos e fazem as rodas girar.

Entrada e saída de energia

O simples fato de misturar ar com combustível não fará com que queimem espontaneamente e produzam energia, precisam ser inflamados. Em um motor a gasolina, essa função é executada pela vela de ignição. (Os motores diesel não usam velas, usam ar comprimido a elevadas temperaturas para inflamar o combustível.) A combustão absorve energia da centelha. Essa energia é usada para quebrar as ligações das moléculas de combustível.

Os combustíveis gasolina e diesel são hidrocarbonetos – moléculas formadas principalmente de carbono e hidrogênio. O ato de quebrar as ligações separa o carbono e o hidrogênio das moléculas de hidrocarboneto. O carbono e o hidrogênio se combinam com o oxigênio do ar para formar

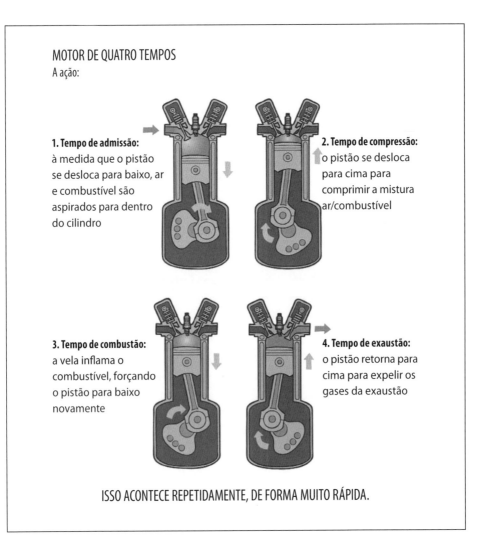

novas moléculas – dióxido de carbono e água, que são os resíduos da combustão eliminados pelo escapamento, junto com vários contaminantes e fuligem. A produção de ligações moleculares para formar água e dióxido de carbono libera energia. Por sua constituição, a energia liberada é muito maior do que a usada para quebrar as ligações das moléculas de hidrocarboneto; portanto, há um saldo positivo de energia liberada. Essa é a energia usada para movimentar o carro:

combustível (hidrogênio e carbono) + oxigênio → *água + dióxido de carbono + energia*

POR QUE OS CARROS NÃO SÃO MOVIDOS À ÁGUA? • **23**

Produção e quebra de moléculas de água

O automóvel é impulsionado pela energia liberada para geração dos produtos da combustão. Portanto, uma boa proporção dessa energia provém da produção de água. Usar água como combustível significaria reunir energia suficiente para romper as moléculas, depois usar o hidrogênio e o oxigênio para criar moléculas em reação que produziria uma quantidade de energia maior do que a usada para quebrar as moléculas da água. A água pode ser decomposta em hidrogênio e oxigênio pelo uso de eletricidade, em um processo conhecido como eletrólise. É assim que se produz oxigênio na Estação Espacial Internacional. Porém, é inviável impulsionar um carro dessa maneira; além disso, a eletricidade poderia ser usada diretamente.

QUÍMICA E ENERGIA

É preciso energia para quebrar as ligações químicas, e há liberação de energia ao se produzir ligações químicas. Para cada tipo de ligação química está associada certa quantidade de energia. As ligações envolvidas na produção e decomposição da água estão à direita. A energia é dada em kJ/mol. Um mol equivale, aproximadamente, a 6×10^{23} átomos ou moléculas de uma substância.

Para uma reação produzir energia, a energia gerada para criar ligações tem de ser maior do que aquela usada para quebrar as ligações.

Para produzir água, a equação química é:

$$2H_2 + O_2 \rightarrow 2H_2O$$

Ligação	Energia de Ligação (kJ/mol)
H-H (hidrogênio-hidrogênio)	432
O=O (oxigênio-oxigênio)	494
O-H (oxigênio-hidrogênio)	460

Isso significa que a energia necessária para romper as ligações entre os átomos de hidrogênio e de oxigênio (do lado esquerdo da equação) é:

$$2 \times \text{H-H} + \text{O-O} \qquad 2 \times 432kJ + 494kJ = 864 + 494 = 1358 \text{ kJ}$$

A energia liberada ao se produzir ligações entre os átomos de hidrogênio e de oxigênio para criar água é:

$$2 \times 2 \times \text{H-O} = 4 \times \text{HO} \qquad 4 \times 460kJ = 1840 \text{ kJ}$$

Há um ganho positivo de energia de $1840 - 1358 = 482$ kJ

Se quiséssemos usar água como combustível, teríamos de fornecer energia suficiente para decompor as moléculas de água (2 ligações H-O a 460 kJ cada; portanto, $2 \times 460 = 920$ kJ/mol) e encontrar uma reação que usasse o hidrogênio e o oxigênio para criar ligações que produzam uma quantidade de energia maior do que essa.

A água pega fogo?

A etapa crucial no motor de combustão interna é obter energia da queima de combustível. A água por si só não pega fogo, não queima. Não podemos simplesmente colocar água dentro de um motor e botar fogo nela. Mas o princípio de criar e quebrar ligações para obter energia não depende da combustão. É possível criar um mecanismo que use a energia liberada pela criação de ligações químicas sem ter de queimar combustível à base de carbono – apenas não será nada parecido com um motor de combustão interna. Além disso, não se trata apenas de encontrar uma reação que irá formar ligações. A reação tem de acontecer em um veículo que se movimenta carregado de pessoas; tudo tem de ser implementado com segurança e deve gerar, em grande parte, produtos não tóxicos – e tem de ser barato. Poderíamos obter bastante energia passando vapor superaquecido sobre o carbono, mas resultaria em gás hidrogênio altamente explosivo e monóxido de carbono altamente tóxico, portanto, não é uma ideia prática. Teríamos também de carregar por aí carvão ou outra fonte de carbono, e ter uma fonte de energia separada (como painéis solares, por exemplo) para superaquecer a água e obter vapor.

VERDE E LIMPO?

A eficiência com que um combustível queima depende da pureza do combustível e da obtenção da proporção correta de ar e combustível na mistura – é preciso ter oxigênio suficiente para todo o carbono e hidrogênio serem convertidos em água e dióxido de carbono. Quando o combustível não queima completamente, são produzidas partículas negras de carbono e transportadas pelos gases da exaustão na forma de fuligem. A queima de óleo diesel é responsável por 25% da fuligem presente na atmosfera – ele realmente não é um combustível limpo, pois raramente é muito puro.

Célula de combustível a hidrogênio

Já foram desenvolvidos carros que rodam com uma célula de combustível a hidrogênio – havia modelos da Hyundai, Honda e Toyota na época em que escrevíamos este livro. Infelizmente, há apenas um posto de reabastecimento de hidrogênio nos Estados Unidos; logo, não podemos ir muito longe com esse tipo de carro – a não ser que você esteja muito perto da 1515 S. River Road em West Sacramento, Califórnia. O veículo é completamente à base de energia limpa, produz apenas vapor como resultado de sua descarga. Uma vez condensada, a água fica limpa e pode até ser bebida, de acordo com os engenheiros, mas o gosto é bem desagradável. Outra vantagem é que basta poucos segundos para abastecer o tanque de hidrogênio. A tecnologia concorrente dominante são os carros elétricos e recarregar suas baterias leva bem mais tempo; portanto, as células de combustível a hidrogênio ganham nesse aspecto.

A célula de combustível propriamente opera de forma muito parecida com a de uma bateria. Ela funciona combinando hidrogênio com oxigênio (facilmente obtido do ar) para produzir água, sendo que a energia da reação é aproveitada como eletricidade. Para manter o veículo em movimento a única coisa necessária é o fornecimento constante de hidrogênio.

De onde vem o hidrogênio?

O site da Hyundai, de forma nada sincera, diz que o hidrogênio é um excelente combustível pois pode ser encontrado em toda a parte – 75% do Universo é composto de hidrogênio. É verdade; porém, a maior parte do hidrogênio do planeta está ligada intrinsecamente a coisas, sejam outras estrelas, rochas ou ao corpo humano. Não podemos simplesmente capturar hidrogênio do ar ou do espaço e usá-lo como combustível.

Atualmente o hidrogênio de postos de reabastecimento provém do gás natural. Poderíamos simplesmente queimar o gás natural, mas aí o carro (e não o fabricante de hidrogênio) produziria subprodutos poluidores – em veículos vendidos para os clientes espacialmente por sua certificação verde.

O metano é extraído do gás natural e decomposto em carbono e hidrogênio; o dióxido de carbono é o resíduo prejudicial. O hidrogênio é armazenado em tanques e enviado para os postos de combustível. Pesquisadores buscam formas de usar metano de outras fontes, como rejeitos de fazendas, vegetação em putrefação ou flatulência de vacas. Isso é importante porque o gás natural é mais um combustível fóssil, portanto, um recurso limitado. Usá-lo como fonte de hidrogênio para veículos é uma solução finita e não tão verde como querem nos fazer acreditar.

INDO LONGE

A NASA tem usado células de combustível a hidrogênio desde os anos 1970 para lançar ônibus espaciais e outras espaçonaves. A água produzida como vapor de descarga é condensada e consumida como água potável pelos astronautas.

CAPÍTULO 3

Como se forma um arco-íris?

*Um arco-íris é uma bela ilusão –
porém, como ele surge?*

Cores do nada

O arco-íris é produzido quando a luz solar incide em gotículas de água na atmosfera. A luz do sol é branca, contém todas as cores do espectro juntas. A luz é composta por diferentes comprimentos de onda e as pessoas veem cores com alguma diferença (leia também o capítulo "Todos nós vemos as mesmas cores?").

As gotículas de água separam a luz em comprimentos distintos de onda e emitem cada comprimento de onda em ângulos ligeiramente diferentes, de modo que os vemos como um conjunto de faixas coloridas. Podemos obter o mesmo efeito ao subdividirmos a luz usando um prisma de vidro.

EXISTE MESMO UM POTE DE OURO NO FINAL DO ARCO-ÍRIS?
Uma antiga lenda diz que há um pote de outro enterrado no final de um arco-íris. A dificuldade está em encontrar o final do arco-íris para desenterrar o ouro. O arco-íris é uma ilusão de ótica que muda à medida que mudamos de posição; portanto, jamais veremos o arco-íris tocando o solo. É possível ver outro arco-íris mais distante ou constatarmos que o arco-íris simplesmente desapareceu. Isto torna impossível afirmar que há realmente ouro no final de um arco-íris.

Como funciona

A luz se propaga em linha reta ao atravessar um único meio, o ar ou a água. Mas ao atravessar a zona limítrofe entre dois meios diferentes, ela se refrata, ou seja, é desviada. Refração significa que ela muda ligeiramente de direção em relação a sua trajetória original.

Isso acontece porque a luz se desloca mais lentamente em um meio líquido ou sólido do que no ar. A velocidade da luz é constante no vácuo, porém sua velocidade diminui ao atravessar um meio material. Quanto mais denso for o meio, mais tempo ela leva para percorrer esse meio. A luz se desloca mais lentamente através de um gás do que no vácuo; mais lentamente através de um meio líquido do que em um gás; finalmente, mais lentamente através de um meio sólido. À medida que a velocidade da luz diminui, seu comprimento de onda sofre redução proporcional. Isso subdivide a luz branca em um espectro, já que os diferentes comprimentos de onda sofrem desaceleração diversa. Quando a luz acelera novamente, ao deixar aquele meio a refração é revertida, recompondo a luz branca.

Quando a luz atravessa um bloco de vidro com lados paralelos como, por exemplo, o vidro de uma janela, a refração na primeira zona limítrofe (ar/vidro) é compensada na segunda transição (vidro/ar). Consequentemente, a luz branca não se subdivide em um espectro ao atravessar uma janela.

Por dentro da gota de chuva

A luz sofre deflexão ao adentrar gotículas de água provenientes da chuva. Mas a luz vinda de um canudinho dentro de um copo não se subdivide em um espectro; portanto, fica claro que algo diferente está acontecendo. À medida que a luz penetra uma gota de chuva, ela passa do ar para a água e então é refratada, separando as cores.

No interior da gota de chuva, a luz se desloca pela água e encontra a zona limítrofe água/ar do outro lado. Parte da luz passa direto e as cores se recombinam, recompondo a luz branca. Contudo, parte dela é refletida para fora do interior da gota de chuva.

Quando atinge a zona limítrofe água/ar ao sair da gota de chuva, a luz se refrata novamente, aumentando ainda mais a diferença do ângulo formado pelos diferentes comprimentos de onda. Ao deixar a gota de chuva, a luz vermelha se desloca em um ângulo de 42 graus em relação à luz que chega, e

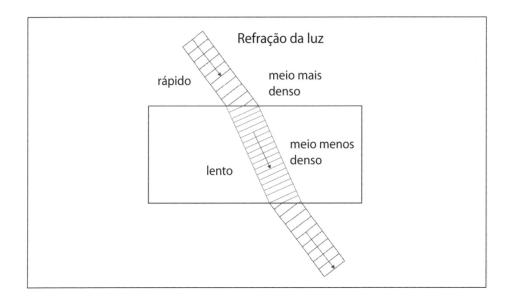

COMO SE FORMA UM ARCO-ÍRIS? • 29

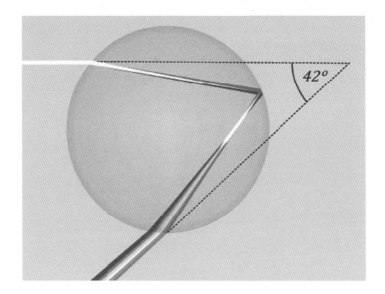

a luz azul a um ângulo de aproximadamente 41º. Cada gota de chuva emite luz em todas as partes do espectro, mas à medida que a luz vai brilhando em diferentes direções, a cor de cada gota de chuva parece variar de acordo com a posição onde nos encontramos.

Se observarmos a parte vermelha do arco-íris, veremos que todas as gotas nesta faixa emitem luz de todas as cores, mas a luz vermelha vem diretamente em nossa direção. Na faixa laranja, a luz laranja proveniente de cada gota de chuva está vindo em nossa direção. Alguém em uma posição diferente pode estar vendo esta gota na cor azul ou verde.

O resultado disso, com a luz incidindo sobre grande número de gotículas de chuva, é o arco-íris. Mas o arco-íris não se encontra em nenhum lugar – é uma ilusão ou efeito ótico que parece estar pairando no ar entre o observador e a fonte de luz.

Arco-íris duplo

Algumas vezes a luz se reflete no interior das gotas de chuva mais de uma vez (feixe em ricochete). Quando isso acontece, pode ser que vejamos um arco-íris duplo. Normalmente o segundo arco-íris é mais fraco do que o primeiro. Ele também tem as cores invertidas – elas mudam com cada reflexão.

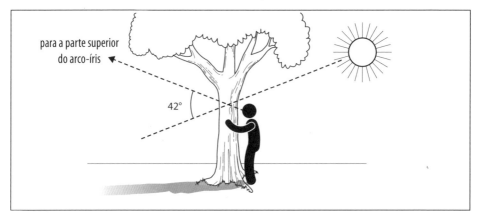

Posicione-se com o sol por trás de você para prever a posição de um arco-íris.

Encontrando um arco-íris

A única posição na qual conseguimos ver um arco-íris é estando a um ângulo de 40-42° da luz solar incidente. Imagine uma linha que sai do Sol, passa por seus olhos e vai até a sombra de sua cabeça projetada no solo. O local para ver um arco-íris é a um ângulo de 42° em relação a essa linha. Quanto mais baixo o Sol estiver no céu, mais vertical será a aparência do arco-íris, vindo diretamente do horizonte no nascer ou pôr do sol. Ao contrário, se o Sol estiver bem acima de sua cabeça, a área no ângulo apropriado estará abaixo da terra, portanto, você não enxergará o arco-íris. Por essa razão, é muito provável ver um arco-íris no final da tarde ou logo cedo; jamais veremos um ao meio-dia. É maior a possibilidade de vermos um arco-íris se o horizonte for mais amplo; portanto, uma área campestre larga e aberta é melhor opção do que uma área montanhosa.

DO TAMANHO CERTO

Para que um arco-íris se forme, as gotas-d'água devem ter exatamente um tamanho específico – não podem ser nem muito grandes nem muito pequenas. Normalmente é possível ver arco-íris próximo de uma cachoeira ou fonte, ou próximo de um irrigador de gramados, porém o vapor-d'água das nuvens é muito fino para criar um arco-íris. A água congelada – granizo ou neve – também não funciona; portanto, não temos "granizo-íris" ou "neve-íris".

Prevendo a posição de um arco-íris

Podemos descobrir precisamente onde encontrar um arco-íris antes dele aparecer. Talvez pareça estranho fazer isso, mas se você quiser fotografá-lo ou mostrá-lo a alguém, pode ser um bom truque.

1. Após uma chuva muito forte, quando o Sol começar a reaparecer, fique de costas para ele.
2. Mantenha seu polegar em um ângulo aproximado de 45º em relação ao indicador. Faça um L com o polegar e o indicador – isso equivale a 90º. Agora divida este ângulo pela metade movimentando o polegar na direção do indicador.
3. Estique o braço e aponte o indicador para a sombra de sua cabeça projetada no solo.
4. O seu polegar apontará para o local, aproximado, do arco-íris. Você pode girar o pulso, mantendo indicador e polegar nas mesmas posições, para delinear o arco completo do arco-íris.

Esse método não é infalível, já que não aparecerá arco-íris se não houver água suficiente na atmosfera ou se o Sol estiver coberto de nuvens. Mas se houver as quantidades corretas de luz solar e água, deve funcionar.

Tente tirar uma foto tendo um objeto na mira, talvez emoldurado pelo arco-íris – você pode ir se movimentando em torno e ver o arco-íris em outro lugar. A posição do arco-íris é função da posição do observador – à medida que for se movimentando, o mesmo acontecerá com o arco-íris (isso também significa que duas pessoas não verão exatamente o mesmo arco-íris).

ARCO-ÍRIS RAROS

Tecnicamente, todos os arco-íris deveriam ser um círculo completo, mas raramente observamos algum assim. É possível observar um arco-íris circular inteiro se você estiver em um ponto elevado, como em um avião.

CAPÍTULO 4

Por que um gato sempre cai sobre as patas?

É um fato bem conhecido que os gatos geralmente caem sobre suas patas, independentemente de como ou onde caírem. Como eles conseguem realizar esse incrível truque?

Primeiros experimentos

Diz-se que o físico James Clerk Maxwell (1831–79) fez experimentos envolvendo jogar um gato de certa altura quando era aluno do Trinity College, em Cambridge. Maxwell até chegou a escrever para sua esposa, Katherine, desculpando-se e alegando que ele "mal havia jogado o gato de fato".

Maxwell não foi o primeiro nem será o último a se interessar em saber como um gato faz esse truque salva-vidas. Tanto o professor de Matemática de Cambridge, Sir George Stokes (1819-1903) quanto Étienne-Jules Marey (1830-1904), cientista francês e um dos primeiros cineastas, foram atraídos

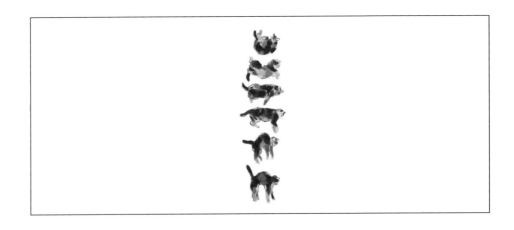

pela questão. (Como Stokes era professor durante o período em que Maxwell se encontrava em Cambridge, podem até mesmo ter compartilhado algumas notas sobre "jogar gatos do alto".) Marey filmou um gato caindo e se endireitando, e ao observar o filme quadro a quadro pôde investigar o que acontecia exatamente. Suas fotografias foram publicadas na revista *Nature*, em 1894. Se as observarmos com cuidado e lermos o relato, tudo se revela.

> "Existe uma tradição em Trinity que [era comum] na época em que aqui me encontrava [...] eu [procurava encontrar] um método de jogar um gato de modo que ele não caísse sobre suas patas, e aproveitei [a tradição] para arremessar gatos da janela. Tive de explicar que o objeto de pesquisa era descobrir o quão rapidamente o gato iria girar em torno de si, e que o método adequado seria deixar o gato cair sobre uma mesa ou cama de uma altura de aproximadamente duas polegadas[NT-1], e mesmo assim o gato pousaria sobre as patas."
>
> James Clerk Maxwel

Aprendendo a cair

Um gato jogado de cabeça para baixo de qualquer altura maior do que aproximadamente 30 cm (12 polegadas), é capaz de se endireitar antes de atingir o solo. Portanto, quase sempre ele aterrissa sobre as patas. Esse autorreflexo de se endireitar surge nos gatinhos com três a quatro semanas de vida e está completamente desenvolvido quando estão com seis a sete semanas. Mesmo um gato sem cauda é capaz de se endireitar – a cauda não é necessária para a execução da manobra, embora possa ser usada, opcionalmente.

Como o gato faz isso

Como o gato consegue um feito que nenhum outro animal conhecido é capaz de realizar?

O gato começa tentando descobrir onde é "para baixo". Isso pode parecer bastante óbvio, porém é um primeiro passo vital – as patas precisam estar apontando para baixo para que ele faça uma aterrissagem bem-sucedida. Ele pode fazer isso olhando para o chão, mas órgãos de equilíbrio contidos no ouvido interno também ajudam. Depois ele precisa girar para que suas

---

N.T.-1: Essa distância (2 polegadas, aproximadamente 5 centímetros) é muito pequena para o gato fazer manobras. Segundo Campbell e Garnett, no livro *The life of James Clerk Maxwell, Maxwell* provavelmente quis dizer "pés" e não polegadas, o que seria aproximadamente 60 cm. Há mais detalhes sobre o assunto na nota 1 do Capítulo 1 do livro BUR, Gregory J. *Falling felines and fundamental physic*. Yale University Press, 2019.

patas fiquem direcionadas para baixo. O gato é capaz de realizar os três passos descritos a seguir somente pelo fato de ter uma espinha muito flexível. Além disso, sua clavícula é maleável e, consequentemente, de fato inútil – isso dá ao gato a vantagem adicional de ser capaz de movimentar os ombros bem mais livremente do que um ser humano ao tentar se encaixar e passar por uma abertura muito pequena. O gato consegue "espremer" os ombros e passar através de qualquer espaço pelo qual sua cabeça passe.

Primeiramente, o gato se dobra ao meio para tomar a forma de um bumerangue. Como consequência, os eixos de rotação ou as metades anterior e posterior do corpo ficam diferentes. Isso é extremamente importante, pois significa que o gato pode preservar o momento angular (na verdade, sua força de rotação) enquanto gira.

O gato recolhe as patas dianteiras e estende as patas traseiras de modo que a extremidade anterior gira mais rápido do que a posterior. Imagine uma patinadora artística mantendo os braços colados ao corpo para girar rapidamente e os abrindo para girar lentamente – o gato faz a mesma coisa, porém, com diferentes metades do corpo. A metade anterior faz um movimento de rotação com um ângulo muito maior do que a metade posterior, pois as patas dianteiras estão coladas ao corpo. Ele chega a girar até 90°. A metade posterior, com patas estendidas, gira muito pouco – talvez uns 10°. Portanto, se a rotação original do gato fosse 0°, a parte anterior agora estaria a 90° e a posterior, a 10°.

Em seguida, ele faz o contrário. Recolhe as patas dianteiras e estende as patas traseiras de modo que sua metade posterior gire em um ângulo maior do que sua metade anterior. Após essa manobra, ambas as partes (anterior e

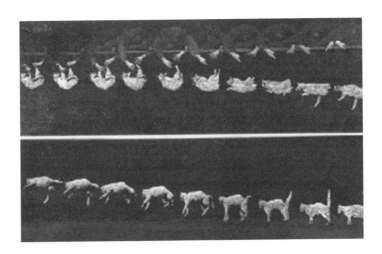

POR QUE UM GATO SEMPRE CAI SOBRE AS PATAS? • **35**

posterior) estão a $10^o + 90^o = 100^o$. Nesse ponto, ele cairia de lado no solo, o que não é bom. Portanto, ele faz todo o processo de novo (ele não tem de fazer o giro maior a cada vez).

O gato pode ganhar momento angular à medida que cai, pois ele pode se dobrar e usar as duas metades do corpo separadamente. Um corpo rígido não poderia fazer isso – ambas as extremidades teriam de girar juntas. Modelos matemáticos do gato se endireitando o tratam como dois cilindros, um para a metade anterior o outro para a posterior. Esses modelos não haviam sido completados até o final do século XX. Mas o gato pode fazê-lo, independentemente de conseguirmos ou não descrever o ato matematicamente.

PESQUISA HUMANIZADA

Jogar gatos de uma grande altura seria um experimento difícil de ser justificado – mesmo Maxwell se sentiu na obrigação de se defender, muito antes que surgissem os comitês de ética. Por sorte, em 1987, alguém pensou em um método mais humano. Eles estudaram as lesões sofridas por gatos que eram levados ao New York Animal Medical Center depois de caírem de prédios altos. De 132 pacientes felinos, constatou-se que a gravidade das lesões aumentava em quedas acima do sétimo andar e depois diminuíam. Os pesquisadores sugeriram que os gatos atingiam a velocidade final em sete andares e depois disso relaxavam. O impacto com o solo era menos danoso devido a seu estado de relaxamento.

Entretanto, conforme evidenciado por um crítico, os resultados são inconsistentes já que eles não consideraram as mortes: ninguém leva um gato morto a uma clínica de emergência. Portanto, os dados são incompletos e a conclusão, inconsistente. Contudo, há algo interessante quando se reduz a gravidade das lesões – o fato de que os gatos sobreviveram. Não é comum encontrar pessoas no pronto-socorro depois de uma queda de sete andares.

RÁPIDO, MAS NÃO RÁPIDO DEMAIS

A velocidade final é a máxima velocidade que um objeto de massa específica pode atingir ao cair no campo gravitacional da Terra e na atmosfera. Inicialmente, um objeto em queda livre atinge a aceleração de 9,8 m por segundo (m/s^2). Depois de certo ponto (a velocidade final) a pressão do ar sobre o objeto em queda impede que ele acelere mais e sua velocidade o impede de acelerar ainda mais; a velocidade permanece constante até ele atingir o solo. A velocidade final de um objeto depende de sua massa e forma, já que a resistência do ar (resistência aerodinâmica) é um componente importante. Os gatos atingem a velocidade final por volta dos 100 km/h (62 mph), ao passo que a velocidade final para um ser humano é de 210 km/h (130

36 • CAPÍTULO 4

mph) na posição de queda livre usada pelos paraquedistas. Um gato atingindo uma calçada após cair de um edifício alto estaria viajando a apenas metade da velocidade de uma pessoa nas mesmas circunstâncias. Além disso, um gato pesa menos do que uma pessoa; portanto, o impacto no seu corpo será menor. Se uma pessoa cair do sétimo andar, mesmo aterrando sobre seus pés não seria nada bom, porém, como o gato é consideravelmente mais leve, atinge o solo com menos força.

CAPÍTULO 5

Por que o solo é marrom?

Estamos todos acostumados a ouvir as crianças perguntarem: "Por que o céu é azul?" Mas que tal algo mais "pé no chão"?

O que é o solo?

Encontramos solo praticamente por toda parte – nos jardins e campos, nas estradas e embaixo de prédios. Existe um tipo de solo chamado sedimento, localizado no fundo de rios, lagos e lagoas. O solo só está ausente em lugares em que há areia ou rocha nua.

O solo tem composição diversa, conforme o local. Ele pode ser arenoso, cheio de argila ou rico em húmus (matéria decomposta). Normalmente é de coloração marrom – marrom avermelhada ou muito escura, praticamente preta, ou arenosa, por exemplo.

CAPÍTULO 5

Da mesma forma que a camada de ar acima de nós é chamada atmosfera, a camada de solo também tem um nome – ela é chamada "pedosfera". O solo é formado por fragmentos de minerais (rochas) e matéria orgânica (vegetal e animal). Ele é misturado de forma desordenada, e como os fragmentos são formas estranhas e não se encaixam direito, há lacunas entre eles. Essas lacunas tornam o solo poroso, o que faz com que possa reter líquidos e gases. Isso significa que o solo tem os três estados (ou fases) da matéria – sólido, líquido e gasoso – todos misturados ao mesmo tempo.

Coisas mortas

A matéria orgânica dá ao solo sua cor marrom. Folhas e outros detritos vegetais caem no chão, assim como dejetos de animais, como fezes e pelos e assim por diante. Todo esse material sofre a ação de muitos micróbios no solo, que o decompõe. Trata-se de um lento processo, especialmente no caso dos ossos, que leva anos. A decomposição ocorre quando os micróbios liberam enzimas que quebram as ligações químicas da matéria orgânica.

Embora os micróbios absorvam muitos dos produtos químicos produzidos na decomposição (são sua fonte de alimento), a tendência é que haja excesso de carbono. Vale notar que os micróbios morrem e eles próprios também estão sujeitos à decomposição. Esclarecendo melhor: a maior parte dos produtos químicos é absorvida por outros micróbios, mas não por todos – existe certa ineficiência no sistema. O resultado é que há excesso de carbono livre, e como o carbono reflete a luz, o solo tem um aspecto de cor escura ou marrom.

Os restos da atividade microbial formam húmus no solo. Diferentemente da matéria vegetal, o húmus não tem estrutura celular, é mais amorfo – gosmento, na verdade. O húmus pode permanecer no mesmo estado por milhares de anos. Normalmente há micróbios e fragmentos de restos identificáveis que permanecem misturados nele e podem ser vistos com o auxílio de um microscópio. Porém, o verdadeiro húmus puro é uma gosma de origem orgânica.

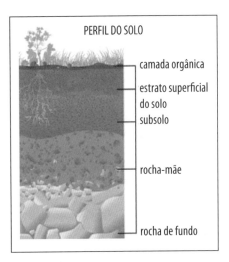

E as rochas?

O componente mineral do solo é feito de minúsculos fragmentos de rocha que foram quebrados por erosão e depois carregados pela água, pelo vento ou gelo para algum lugar em que acabam se depositando. Os minerais tipicamente encontrados no solo são: quartzo (óxido de silício), calcita (carbonato de cálcio), feldspato (um composto de potássio, alumínio, silício e oxigênio) e mica (também chamada de biotita, composto contendo potássio, magnésio, ferro, alumínio, silício e oxigênio). A maioria deles tende a ser branco, cinza ou amarronzado, embora impurezas possam lhes conferir outras cores.

Geralmente o solo é marrom devido ao carbono presente no húmus, mas se o solo for particularmente pobre e basicamente mineral, ele fica com a cor do mineral dominante. O solo no Havaí tem um matiz avermelhado por conter ferro – a ferrugem, que é ferro combinado com oxigênio, é vermelha. Os geólogos chamam de "solo" aquilo que muitos de nós chamaríamos areia. Portanto, os desertos podem ter "solo" de coloração branca, preta (areia vulcânica), amarela, vermelha ou até mesmo verde (areia olivina, encontrada no Havaí). Por ocorrer principalmente em lugares com relativamente pouca vegetação e vida animal, esses solos têm elevado conteúdo mineral e muito pouco húmus.

QUAL É A IDADE DO SOLO?

A maior parte do solo da Terra data do Plistoceno, de 2.588.000 a 11.700 anos atrás. Nenhum solo atual tem mais de 65 milhões de anos, porém, solo fossilizado data de muito antes, podendo chegar até os primórdios da Terra, o éon arqueano. Esse período se estendeu das origens da Terra até 2,5 bilhões de anos atrás. Como não havia nem plantas nem animais na época, apenas micróbios, o solo provavelmente era muito diferente do que é hoje.

MICRÓBIOS EM PROFUSÃO

Pensa-se que possa haver até um bilhão de células em cada grama de solo, que representam possivelmente algo em torno de 50.000 a um milhão de espécies diferentes de micróbio. A maioria deles ainda não foi descrita.

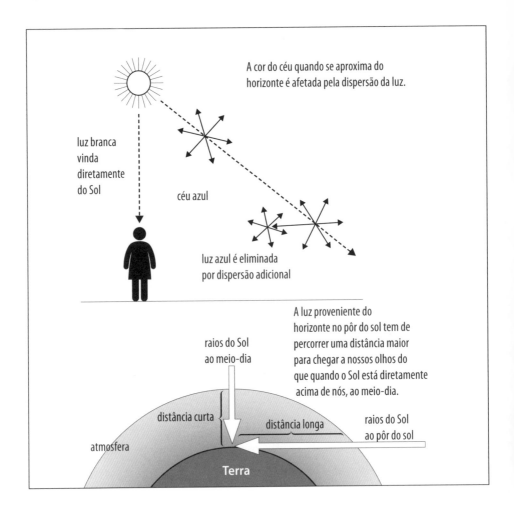

E por que o céu é azul?

Quando a luz atinge a atmosfera terrestre, ela ricocheteia em moléculas de gás e se dispersa. A luz do Sol é branca – ou, melhor, a luz do Sol é o conjunto de todas as cores do arco-íris combinadas de modo a ter um aspecto branco. Pelo fato de a luz azul ter o comprimento de onda mais curto, ela se dispersa mais do que a luz de outras cores. Em um dia sem nuvens, podemos observar que o céu é mais azul ao olharmos para o alto, acima da cabeça, do que ao olharmos para o horizonte. Isso ocorre porque a luz no horizonte foi dispersada e dispersada várias vezes por mais ar; ela ricocheteou tantas vezes que parte dela volta para nós "remixada" em luz branca.

No nascer e no pôr do sol, o Sol está baixo no céu e a luz passa através de mais atmosfera para chegar a nossos olhos porque ele está mais distante do horizonte do que se olharmos em linha reta para a borda da atmosfera.

Uma quantidade cada vez maior de luz amarela, e até mesmo luz vermelha, pode chegar até nós. Se o ar estiver cheio de partículas de pó ou líquidas, o efeito é ainda mais perceptível, e é por isso que a poluição atmosférica e as erupções vulcânicas podem produzir pores do sol brilhantes.

CAPÍTULO 6

Por que não vamos até Marte?

Faz mais de 40 anos que o homem pisou na Lua pela última vez. Será que uma viagem ao planeta Marte é o próximo passo a ser dado pela espécie humana?

O que está nos impedindo?

Há vários problemas em levar seres humanos para Marte, embora a Nasa e algumas organizações comerciais independentes estejam esperançosas em solucioná-los para enviar uma tripulação ainda na década de 2020 ou na de 2030. Conheça algumas das questões difíceis de serem resolvidas.

- Marte se encontra muito distante;
- manter os tripulantes vivos e saudáveis no espaço durante toda a jornada de ida a Marte e de retorno à Terra é um grande desafio;

- transportar combustível e os suprimentos necessários para a viagem está além de nossas capacidades atuais;
- pousar uma nave espacial na superfície de Marte é bastante complicado, assim como decolar novamente depois.

JÁ ESTAMOS PRÓXIMOS?
A distância entre a Terra e a Lua é de 384.400 km. Dirigir até a Lua de carro levaria 160 dias a 100 km/h, 24 horas por dia. Dirigir até Marte no momento em que os dois planetas estiverem mais próximos levaria, portanto, 23.360 dias (aproximadamente 64 anos).

Muito, mas muito distante

As distâncias no Sistema Solar são enormes. Imagens como a mostrada a seguir deixam claro que Júpiter é maior do que a Terra e que Netuno se encontra mais afastado, mas elas não nos dão uma visão precisa das distâncias entre os planetas ou da verdadeira disparidade entre os tamanhos.

O planeta Marte e a Terra giram em órbitas diferentes em torno do Sol. Marte leva 687 dias terrestres para cumprir uma órbita em torno do Sol e a Terra leva 365,25 dias – suas órbitas não estão sincronizadas. Isso significa que em algum momento eles estão mais próximos e, em outros, mais afastados. Quando estão mais próximos, "apenas" 54,6 milhões de quilômetros os separam. Mas quando se encontram no distanciamento máximo, ficam cerca de 400 milhões de quilômetros distantes um do outro. A distância média entre Terra e Marte é cerca de 225 milhões de quilômetros.

O momento em que Marte e Terra ficam mais próximos não segue um padrão regular. Em agosto de 2003, Terra e Marte estavam mais próximos do

que jamais haviam estado em aproximadamente 60.000 anos. E só ficarão tão próximos novamente em 28 de agosto de 2287 – dessa vez, um intervalo de apenas 284 anos. A proximidade dos dois planetas é afetada não apenas por suas órbitas, mas pelo efeito da gravidade dos outros planetas.

Caso fôssemos planejar uma expedição a Marte, teríamos de ficar lá pouco tempo e retornar o mais breve possível. Não seria sensato partir num momento em que Terra e Marte estivessem a 400 milhões de quilômetros de distância. Além disso, há a jornada de retorno. Se for escolhido o menor tempo para chegar a Marte, leva mais tempo para voltar, já que os planetas terão se afastado mais um do outro. O quão distante eles terão se afastado depende do tempo para chegar lá e por quanto tempo permaneceríamos em Marte antes de voltar para casa.

Uma espaçonave viajando até Marte não seguiria um percurso em linha reta partindo da Terra; em vez disso, faria uma órbita em torno do Sol que, finalmente, a levaria a entrar em conjunção com Marte. O mapa da rota (veja o diagrama abaixo) está simplificado por causa do pequeno espaço da página. A provável data de lançamento dessa trajetória aconteceria a cada 26 meses.

Com a tecnologia de foguetes atual, levaria nove meses para chegar a Marte e nove meses para a viagem de volta. Os astronautas também teriam de permanecer em Marte (ou em órbita em torno do planeta) de três a quatro meses, até que a Terra estivesse na posição correta para o início da viagem de retorno. Assim, a duração total da viagem seria de pelo menos 21 meses.

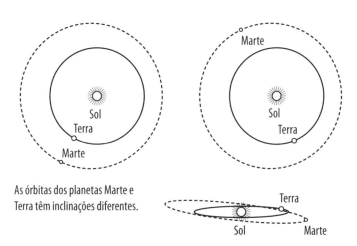

As órbitas dos planetas Marte e Terra têm inclinações diferentes.

Estresse e tensão

Permanecer no espaço, onde a gravidade é zero, não é muito bom para o corpo humano. E ficar recluso em uma pequena astronave apenas com algumas pessoas por 21 meses não é bom para a saúde mental. Manter os astronautas vivos, saudáveis e com boa sanidade mental em todo o tempo de duração da viagem é realmente um grande desafio.

Durante voos espaciais, o corpo humano fica sujeito a muita pressão, sabemos disso pelos estudos com astronautas que viveram em estações espaciais por períodos extensos. O recorde para um único voo espacial é do cosmonauta Valeri Polyakov, que permaneceu a bordo da estação espacial Mir por 437 dias. Contudo, o voo de retorno de Marte necessitaria de mais 200 dias. Leia a seguir os perigos da jornada espacial.

- Bombardeamento com prótons vindos de erupções solares, raios gama provenientes de buracos negros que acabaram de se formar e raios cósmicos resultantes da explosão de estrelas. Uma viagem à Lua é, em grande parte, protegida desses riscos porque a Terra os desvia. Para proteger os astronautas, a Nasa está investigando maneiras de construir

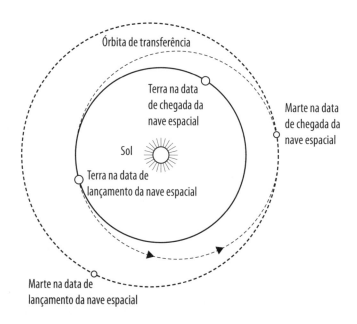

46 • CAPÍTULO 6

uma espaçonave de plástico ou nanotubos de carbono e até mesmo envolvê-la com um tanque de combustível de hidrogênio líquido.

- A menor gravidade e a microgravidade é prejudicial. O corpo humano trabalha contra a gravidade; sem ela os músculos se desgastam rapidamente (atrofia) e os ossos se tornam menos densos e sujeitos a fraturas. Como o coração é um órgão muscular, um coração debilitado é um problema para astronautas retornando à Terra. Os astronautas também poderiam ficar tão fracos a ponto de não conseguirem fazer esforços físicos ao chegarem em Marte. Nas estações espaciais, os astronautas fazem exercícios regulares para combater esses problemas. Em uma viagem muito mais longa, seria necessário um programa de exercícios cuidadosamente elaborado e, possivelmente, uma dieta especial.

- Ficar enclausurado com um pequeno número de pessoas por longo período sujeita os astronautas a estresse psicológico. Sem ar fresco ou liberdade, é um desafio permanecer feliz e mentalmente saudável.

Frio, seco e desolado

Marte é um planeta gelado (a temperatura média é de –62 °C), seco, desolado (obviamente) e tempestades de areia podem escurecer o céu por semanas. Para formar uma colônia lá, precisaríamos de métodos para produzir alimentos, extrair água, fornecer energia (provavelmente produzindo combustível) e reciclar o ar nos quarteirões habitados. A reciclagem do ar é necessária para manter os níveis ideais de oxigênio e eliminar a poeira, os micróbios e outras porcarias que logo se acumulariam na quantidade relativamente pequena de ar no espaço habitável. A gravidade é menor do que na Terra – apenas cerca de 38%. Isso significa que alguém pesando 100 kg na Terra pesaria apenas 38 kg em Marte. Os ossos e os músculos fariam bem menos esforço e definhariam. A pressão atmosférica é cerca de 1% da pressão atmosférica da Terra. Os colonizadores teriam de usar capacetes espaciais e tanques de ar durante todo o tempo em que estivessem do lado de fora.

Espaçonaves muito, mas muito grandes

Para transportar tripulação humana até Marte, a espaçonave teria de ser muito maior do que aquelas que transportaram veículos de superfície telecomandados (*rovers*) no passado. Ela teria de carregar o equipamento e a tripulação da missão, além de provisões e combustível. A tripulação humana precisaria de uma série de coisas inconvenientemente pesadas como alimentos, água e estoque de medicamentos se quiser sobreviver por 21 meses distante da Terra. A Nasa estima que as provisões necessárias para uma tripulação de seis pessoas pesariam cerca de 1,4 milhão de kg. O ônibus espacial consegue levantar aproximadamente 22.500 kg no espaço; portanto, seriam necessários 60 lançamentos para levar todo o equipamento para construir e estocar a espaçonave. Mesmo o módulo de aterrissagem teria de ter pelo menos dez vezes a massa de módulos de aterrissagem usados no passado em Marte.

QUEM IRIA?

Você deve estar imaginando, diante de todos os inconvenientes que incluem de perda muscular até morte, que seria difícil encontrar voluntários para ir a Marte. De jeito nenhum. A organização sem fins lucrativos Mars One, com sede nos Países Baixos, começou a recrutar sua primeira leva de astronautas em 2013. Ela planejou que o primeiro grupo de quatro pessoas pousaria em Marte em 2023 – e com bilhete apenas de ida. O plano era enviar os suprimentos antecipadamente para os colonizadores os usarem para construir sua colônia quando estiverem por lá. Depois eles permanecerão lá para sempre, jamais retornando à Terra. Outras levas de colonizadores chegarão a cada dois anos. A Mars One tinha mais de 100.000 candidatos concorrendo aos primeiros quatro lugares.

Todo aquele combustível

O problema com coisas pesadas é que elas exigem mais energia e, consequentemente, mais combustível para se movimentar ($F = m \times a$, força = massa × aceleração). A maior parte do combustível é usada para levantar voo – é preciso um bocado de energia para escapar da gravidade a cada vez. O combustível é gasto também para desacelerar na aproximação de cada planeta para ajustar a velocidade, de modo que a nave seja capturada pela gravidade e, portanto, pouse com segurança na superfície.

O combustível para decolar da Terra não é grande problema, já que tem de ser transportado apenas até a plataforma de lançamento. Tipicamente, uma espaçonave lançada da Terra queima combustível e depois vai descartando os módulos que transportava, o que resulta num veículo muito menor para viajar pelo espaço. O restante do combustível é bem mais problemático porque a

espaçonave tem de transportá-lo. Isso significa que a espaçonave precisa ser ainda maior para carregar combustível, e depois tem de ser ainda maior de novo; portanto, seria necessário ainda mais combustível do que antes... e assim por diante.

A nave espacial usa relativamente pouco combustível para viajar pelo espaço sideral. Como não há resistência do ar, não há nada para desacelerá-la uma vez que tenha começado a se movimentar; portanto, a nave permanece na mesma direção. À medida que se aproxima de Marte, é necessário desacelerar a nave suficientemente para que seja capturada pela atração gravitacional de Marte e depois arrastada para dentro da órbita.

Tradicionalmente, são usados foguetes de retropropulsão, que fazem com que a nave seja empurrada para trás quando for preciso desacelerá-la e isso significa que é preciso transportar mais combustível para esses foguetes. A Nasa poderia usar uma técnica chamada "aerocaptura", que envolve precipitar a nave na direção de Marte para "roçar" a atmosfera e então aproveitar o atrito com a atmosfera (a força de arrasto) para desacelerá-la. Entretanto, a trajetória tem de ser cuidadosamente calculada. Se a nave adentrar muito rápido, o calor do atrito irá consumi-la pelo fogo, mesmo com sofisticado escudo térmico. Caso não adentre suficientemente rápido, não irá desacelerar o suficiente e passará reto (como um bólido) pelo planeta. Finalmente, a nave terá que retornar de Marte em direção à Terra. Para isso, o módulo de aterragem tem de levantar voo e juntar-se novamente à nave principal em órbita para depois afastar-se de Marte e partir em direção à Terra.

Tentando novamente chegar lá

Pousar em Marte é uma tarefa complexa. Ocorreram inúmeros contratempos no passado; cerca de dois terços das aproximadamente 40 missões a Marte falharam em algum ponto entre o lançamento e o pouso no planeta. A primeira das missões, Mars 2, lançada da União Soviética, espatifou-se ao pousar durante uma tempestade de poeira. Embora a taxa de sucesso tenha aumentado, a aterragem ainda está longe de ser infalível. Parece provável que a melhor estratégia seria mesmo grande parte da nave permanecer em órbita em torno de Marte e um módulo de aterragem menor ser enviado para a superfície do planeta. O módulo orbital pode fornecer apoio e servir de porto seguro – e até mesmo ser capaz de lançar provisões ou disparar uma missão de resgate emergencial caso necessário.

O tamanho do módulo de aterragem teria de ser considerável – diferentemente de qualquer coisa que tenha pousado em Marte até agora – e o pouso seguro é mais um desafio. Módulos de aterragem anteriores tinham pernas ou *airbags*. O módulo de aterragem desceria a poucos metros da superfície usando retrofoguetes para diminuir sua velocidade de descida a zero, para depois cair em queda livre no trechinho final. Uma maneira é usar um "guindaste celeste" – um mecanismo que desceria suavemente o módulo de aterragem até a superfície, exatamente no ponto em que os retrofoguetes anulam o efeito da gravidade (quando o guindaste está estacionário, mas acima da superfície). Foi usado um sistema similar para pousar um veículo de superfície telecomandado para exploração de Marte, o Curiosity. Mas continua sendo importante escolher exatamente o local e o horário para aterrissagem – grandes rochas, terrenos muito inclinados ou uma grande tempestade de poeira poderiam arruinar completamente qualquer tentativa de aterrissagem.

Até agora, nenhuma amostra de rocha ou do solo de Marte foi mandada à Terra devido à dificuldade de lançar um veículo da superfície de um planeta distante. Não há em Marte nenhum tipo de infraestrutura semelhante às da Terra para lançamento de uma espaçonave. A gravidade lá é aproximadamente quatro vezes a gravidade da Lua; portanto, é consideravelmente muito mais desafiador do que relançar o módulo de aterrissagem Apollo. O tamanho do módulo de aterrissagem necessário, combinado à gravidade e à atmosfera de

Projeto de compartimentos habitáveis produzidos pela Mars One, organização comercial que planeja colonizar Marte.

Marte, requer uma quantidade muito maior de combustível para alçar voo da superfície de Marte do que da Lua.

Até agora, conforme disse o astrônomo britânico Sir Martin Rees, as primeiras missões a Marte teriam de ser uma viagem apenas de ida – exatamente como a Mars One pretende fazer.

PERDIDO EM MARTE?

No filme *Perdido em Marte* (2015), Matt Damon faz o papel de um astronauta que foi deixado para morrer na superfície de Marte. Quando acorda, ele luta para sobreviver com as míseras provisões que lhe deixaram enquanto seus colegas de espaço e a Sala de Controle na Terra tentam lançar uma missão de resgate. Dado o número de anos que leva para planejar uma missão no espaço, a perspectiva de rápido resgate é muito remota.

O filme foi apresentado na International Space Station em 19 de setembro de 2015.

POR QUE NÃO MANDAR UM ROBÔ?

Por que não construímos super-robôs e os mandamos para Marte em vez de seres humanos? Afinal de contas, as máquinas não são tão afetadas pelas condições inóspitas do planeta. O fato é que os exploradores humanos podem fazer muitas coisas que uma máquina não poderia (leia também o capítulo "Máquinas inteligentes podem assumir o controle?"). Portanto, a melhor solução é enviar seres humanos com máquinas inteligentes. A sede de aventura das pessoas pode ser satisfeita com a tecnologia fazendo o trabalho duro.

CAPÍTULO 7

Podemos trazer os dinossauros de volta à vida?

A premissa central da obra de ficção de 1993 de Michael Crichton, Jurassic Park, (e de outros vários livros e filmes que surgiram depois) é a possibilidade de podermos recriar dinossauros usando traços de seu DNA.

No livro, Jurassic Park era um parque temático construído em uma ilha e povoado por dinossauros clonados a partir do DNA extraído do intestino de mosquitos que haviam sugado sangue de dinossauros. Os insetos foram capturados e mantidos presos em resina de pinho que foi solidificada e se transformou em âmbar ao longo do tempo. Mais de 65 milhões de anos depois, cientistas extraíram o DNA e o implantaram em um óvulo vivo. Será que isso é possível?

Mortos, mas não extintos

Quando um organismo morre, seja vegetal ou animal, ele começa a ser decomposto por micróbios, pela ação de agentes químicos e pelo tempo. Mas antes disso, é teoricamente possível extrair amostras de tecido e criar um clone

do organismo usando seu DNA (leia o texto "DNA" a seguir e o capítulo "Qual é a diferença entre uma pessoa e uma alface?"). É assim que funcionam aqueles serviços que se propõem a recriar um animal de estimação que faleceu (gato ou cachorro, por exemplo). Eles extraem uma célula do bicho de estimação morto e adicionam o núcleo da célula – que contém o DNA – a um óvulo de outro animal da mesma espécie. O núcleo é removido do óvulo hospedeiro, de modo que todo o material de DNA do novo organismo provém do bicho de estimação original. O óvulo se desenvolve, transformando-se em um embrião que é uma cópia exata (um clone) do animal de estimação. O embrião é implantado na barriga de um animal da mesma espécie. O primeiro mamífero clonado dessa maneira foi a ovelha Dolly, no Roslin Institute em Edimburgo, Escócia, em 1996.

DNA

Com exceção de alguns vírus que se encontram numa condição limítrofe entre seres vivos e não vivos, todos os organismos têm material genético chamado DNA (*deoxyribonucleic acid*, ácido desoxirribonucleico). O DNA é formado de longas e complexas moléculas que carregam um código na forma do arranjo de grupos moleculares chamados "bases". Há quatro bases: citosina, guanina, adenina e timina. Elas sempre ocorrem em pares, e esses pares são sempre consistentes: cada citosina forma par com a guanina, e a adenina forma par com a timina. Praticamente todas as células do corpo contêm uma cópia do DNA do organismo disposto em genes ao longo de longas fitas de material genético chamadas cromossomos. A estrutura única do DNA define um organismo específico. Todos os organismos da mesma espécie têm genes e cromossomos equivalentes, mas ligeiras variações na sequência exata das bases no DNA são responsáveis pelas diferenças entre organismos individuais.

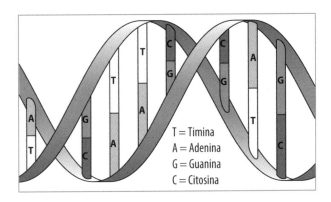

PODEMOS TRAZER OS DINOSSAUROS DE VOLTA À VIDA? • **53**

À medida que o corpo vai apodrecendo, após morrer, fica mais difícil extrair DNA intacto das células. Alguns tecidos se decompõem mais rapidamente do que outros e como quase todas as células contêm DNA, geralmente é possível extrair DNA muito tempo depois da morte, caso o corpo inteiro ainda esteja disponível. O DNA dura muito se o corpo estiver congelado e não precisa ser congelado em condições ideais de laboratório. Foi possível recuperar DNA de mamutes de restos secos de mamutes lanosos preservados em permafrost (camada do solo permanentemente congelada) da Sibéria. Isso é útil para cientistas que querem comparar a constituição genética de mamutes com seus parentes mais próximos ainda vivos, os elefantes. Alguns cientistas têm esperança de que um dia seja possível recriar mamutes, provavelmente usando o DNA de restos congelados e um óvulo de elefanta em que o núcleo tenha sido removido – exatamente da mesma forma usada para clonagem de um animal de estimação querido.

Até agora nenhuma tentativa de dar vida a animais extintos por clonagem foi bem-sucedida. Um lince ibérico extinto foi clonado em 2009, mas morreu logo após o nascimento devido a defeitos nos pulmões. Alguns animais ameaçados de extinção foram clonados com sucesso. Portanto, em tese seria possível dar vida a animais extintos como o mamute, caso a qualidade do DNA seja suficientemente boa.

E os dinossauros?

Infelizmente, a perspectiva do Jurassic Park não é plausível. O DNA se degrada muito rapidamente (em alguns milhares de anos) e não sobreviveria os 65 milhões de anos que se passaram desde que os últimos dinossauros não aviários morreram, mesmo que estejam incrustados em âmbar. Uma equipe de pesquisa da Murdoch University no oeste da Austrália estabeleceu um limite máximo de 6,3 milhões de anos para a sobrevivência do DNA – apenas um décimo do caminho de volta aos dinossauros.

Mesmo que encontrássemos algum DNA de dinossauro para gerar um clone, precisaríamos colocá-lo em um óvulo compatível e o fato é que não temos um. Usar um ovo de galinha ou de crocodilo – como no Jurassic Park – provavelmente não funcionaria. Precisaríamos ter um óvulo de dinossauro correto (Quem veio antes, o ovo ou o dinossauro?). Nós nem saberíamos que tipo teríamos encontrado se extraíssemos o DNA de sangue preservado, já que não há como saber pelo DNA – ele não vem com etiquetas identificadoras.

54 • CAPÍTULO 7

Mesmo que tivéssemos uma boa amostra de DNA de dinossauros e um ovo utilizável, ainda haveria lacunas no DNA que teriam de ser associadas ao DNA de alguma outra coisa. Em Jurassic Park, foi usado DNA de sapos para preencher as lacunas – não estavam disponíveis genes de intestinos de dinossauro. Mas essa mistura dinossauro-sapo ainda poderia ser considerada um dinossauro?

Crie o seu próprio

Visto que o DNA recuperado não irá funcionar, haveria outra maneira de trazer os dinossauros de volta? Parece haver uma maneira de recriá-los e que não é exatamente trazê-los de volta à vida, mas ainda resultaria em uma espécie de dinossauro. O paleontologista Jack Horner propôs o uso de engenharia genética reversa para recriar um dinossauro pela modificação da constituição genética de pássaros. Isso envolveria acrescentar, aos poucos, características de dinossauro aos pássaros, efetivamente regredindo no processo evolutivo. Provavelmente não produziria um tipo de dinossauro que tenha realmente existido, mas caso funcionasse, produziria algo parecido com um dinossauro.

Pássaros a partir de dinossauros

Frequentemente se diz que os pássaros evoluíram de dinossauros cerca de 150 milhões de anos atrás e, rigorosamente falando, os pássaros são dinossauros aviários e os dinossauros extintos são dinossauros não aviários. Em outras palavras, os pássaros são dinossauros, só que não exatamente do tipo que costumamos imaginar. Os pássaros são uma evolução de dinossauros terópodes – do tipo Tyrannosaurus rex, que caminhavam sobre fortes patas traseiras e, tipicamente, eram carnívoros. Assim como os pássaros, muitos dinossauros provavelmente tinham penas, embora não necessariamente com plumagem completa. Talvez alguns possam ter tido penas ou protopenas, e mesmo o T. rex pode ter tido penugem quando bebê (ou pintinho). Todos os dinossauros punham ovos, assim como os pássaros. Os dinossauros não aviários tinham bicos ou focinhos com dentes, vértebra caudal, dedos separados nos membros anteriores (dedos, efetivamente) e garras nesses dedos. A maior parte dos pássaros que vive hoje em dia não tem nenhuma dessas características. A única exceção conhecida é a cigana, da América do Sul, cujos filhotes têm garras em dois dos dedos das asas. Imagina-se que a cigana (ou jacu-cigano) seja

PARQUE PLEISTOCENO

O Parque Pleistoceno é uma reserva na Sibéria onde o cientista russo Sergey Zimov está desenvolvendo um projeto para recriar as pradarias das estepes subárticas da última era glacial. A teoria de Zimov é de que a caça desenfreada e não a mudança climática foi a responsável pelo extermínio dos grandes mamíferos siberianos, inclusive os mamutes. Ele sugere que se os mamutes puderem ser reintroduzidos, as pradarias ajudarão a reter o permafrost e a cortar o escape de metano do derretimento da permafrost que contribui para a mudança climática. Ele espera poder recriar mamutes por um processo de desextinção (também chamado de revivalismo de espécie).

o último sobrevivente de uma linhagem que desapareceu há 64 milhões de anos, apenas um milhão de anos após a extinção dos dinossauros não aviários.

O dinossauro conhecido mais parecido com pássaro é o Archaeopteryx, que viveu há 150 milhões de anos. Ele tinha penas, forma parecida com a de um pássaro e asas. Mas tinha também dentes no bico, garras nas asas e uma longa vértebra caudal embaixo das penas. Tudo isso está claro em fósseis incrivelmente bem preservados.

O quebra-cabeça para aqueles que querem recriar um dinossauro é descobrir quais são os trechos do DNA codificados para focinho, dentes, vértebra caudal, dedos separados, garras e assim por diante. Reconstruir um dinossauro que não seja de fato estreitamente relacionado com pássaros – como um triceratope, diplódoco ou anquilossauro – seria praticamente impossível se partíssemos exclusivamente de pássaros.

Dinossauros feitos de pássaros

O plano de Horner parece maluco e vários outros paleontologistas concordariam com esse veredito. Mas em 2015, uma equipe de pesquisa de Yale e Harvard alegou ter conseguido interromper a ação de proteínas que levavam um pássaro a desenvolver o bico e ter forçado o embrião de uma galinha a desenvolver um focinho no lugar.

O bico de um pássaro é formado por duas placas de células no embrião que se estendem e crescem, transformando-se em tecido endurecido que se projeta da parte frontal da boca. Em outros animais existem as mesmas placas, porém elas são menores e se desenvolvem de forma diversa, passando a fazer parte da mandíbula. Os dentes anteriores têm raízes nesse pedaço de osso. Usando agentes químicos para interromper a ação de proteínas no

DINOSSAUROS DENTRO DE INSETOS DENTRO DE ÁRVORES

O conceito em Jurassic Park é que o DNA de dinossauros é recuperado do sangue encontrado no intestino de insetos que os sugavam. Os insetos foram capturados e mantidos presos em âmbar, uma resina secretada por árvores e que depois endurece. Na realidade, se o DNA de um dinossauro fosse preservado no sangue do intestino de um inseto, seria muito difícil recuperar o DNA do dinossauro do DNA do inseto e do DNA de qualquer outra fonte de nutrição que o inseto tenha consumido recentemente. Sem o DNA de dinossauros para fazer a correspondência, os cientistas não saberiam quais fragmentos se combinariam e quais pertenceriam a outro organismo.

desenvolvimento do embrião, pesquisadores foram capazes de interromper o desenvolvimento de um bico e fazer com que as células se transformassem em mandíbula.

Outros paleontologistas que sonham em recriar um dinossauro vêm trabalhando para estender a vértebra caudal de galinhas, realizando o processo de regressão e transformando penas em escamas além de acrescentar dentes ao bico. Um dos entusiastas é o paleontologista Hans Larsson da McGill University do Canadá. Ele está convencido de que muitos genes de dinossauro se encontram preservados no DNA de pássaros e poderiam ser reativados, expressando características como dentes e vértebras caudais. Ele observa que o embrião de uma galinha tem 16 vértebras na cauda logo no início, mas na época em que o pintinho sai do ovo terá apenas cinco. A inibição do gene que reabsorve a cauda levaria a um pintinho com cauda – mais um passo na direção de uma linhagem de dinossauros.

> O que estamos fazendo é tentar identificar a trajetória histórica da evolução de dinossauros até chegar nos pássaros. Depois podemos simplesmente reverter o processo e voltar para trás para ter um animal que se assemelharia a um dinossauro.
>
> Jack Horner, professor de Paleontologia, Montana State University

Dinossauro ou não?

Nem todos os especialistas concordam que o crescimento de uma vértebra caudal ou de mandíbula com dentes sejam etapas genuínas no processo de regressão de pássaros, mas caso sejam, e se etapas similares puderem interferir em outras áreas de desenvolvimento, talvez seja possível criar um pseudodinossauro. Mesmo assim, o resultado seria considerado um dinossauro? Conforme frisado por Horner, seria possível criar dinossauros de acordo com um projeto próprio – um microestegossauro como bicho de estimação, por exemplo. Mas seria ele um dinossauro se não tivesse DNA de dinossauro? Biologicamente, não – como o próprio Horner reconhece. Uma galinha que se parece com dinossauro – um galinossauro, como chamou Horner – ainda seria uma galinha, simplesmente uma galinha modificada. Mas para os visitantes de qualquer "Jurassic Park" futuro do mundo real, isso já seria suficientemente bom.

EVOLUÇÃO NO EMBRIÃO

Os embriões de muitos organismos têm características que foram geneticamente inativadas mas poderiam ter se expressado de forma integral em formas ancestrais. Observações do passado em que isso ocorreu levaram à crença errônea de que os animais passam por todos os estágios da evolução durante o desenvolvimento embrionário.

CAPÍTULO 8

Um supervulcão pode acabar com a humanidade?

Os vulcões podem permanecer adormecidos por centenas de anos, porém, quanto mais tempo assim ficarem, mais devastadores podem ser os resultados quando finalmente entrarem em erupção.

De tempos em tempos, alguém sugere que a erupção de um supervulcão está prestes a acontecer e dar fim à humanidade. É um excelente tema para filmes sobre catástrofes – mas qual é o nível de realidade disso?

De pequenos vulcões.....

Nem todos os vulcões são iguais. Alguns têm pequenas e frequentes erupções que causam relativamente poucos danos. Outros têm erupções violentas, com intervalos mais longos, normalmente causando danos consideráveis. Já outros permanecem dormentes por séculos ou mesmo milênios para então terem uma erupção de consequências catastróficas. Os mais destrutivos de todos

são os supervulcões, maiores e mais poderosos do que qualquer outro tipo. Eles são tão grandes que são difíceis de serem identificados, porque não têm apenas forma de uma única e grande montanha ou um enorme escudo, às vezes surgem como uma depressão no terreno. Uma vasta cratera vulcânica com vários quilômetros pode parecer um plácido lago ou um tranquilo vale fértil, mas, na realidade, é traiçoeira e mortal, apenas aguardando o momento certo de erodir.

O magma vai se acumulando sob um supervulcão por milhares de anos. Ele é tão quente que chega a derreter a crosta em torno dele, e esse material se soma ao volume e à pressão do magma. Quando a erupção finalmente acontece, é alimentada por um volume imenso de magma sob pressão e os efeitos são realmente devastadores. Quando tudo termina, a terra acima colapsa para dentro do espaço deixado pela câmara magmática esvaziada, criando uma

---

DE PEQUENOS VULCÕES A SUPERVULCÕES

Nem todos os vulcões se parecem com montanhas. Alguns dos mais mortais nem se parecem com um vulcão "típico".

- Os cones vulcânicos ou cones de escórias têm a forma de um cone e, geralmente, são relativamente pequenos, entre 30 e 400 m de altura. Algumas vezes eles aparecem ao lado de vulcões maiores e costumam entram em erupção apenas uma vez.
- Os vulcões em escudo são montes baixos e espraiados na forma de um escudo. Eles se formam quando a lava entra em erupção lentamente e se espalha pelo solo a uma distância razoável antes de se solidificar. Eles se formam gradualmente ao longo de vários anos ou séculos.
- Os estratovulcões têm forma de montanha, formados por lava e cinzas de repetidas erupções. Eles podem entrar em erupção de modo explosivo, produzindo torrentes de lava devastadoras e lançando no ar blocos de rocha semiderretida a grandes alturas. Produzem ventos escaldantes que se deslocam a centenas de quilômetros por hora além de enormes e sufocantes nuvens de cinza e pó. O Vesúvio, na Itália, que destruiu a cidade romana de Pompeia, é um estratovulcão.

TIPOS DE VULCÃO

Cone vulcânico

Vulcão em escudo

Estratovulcão

60 • CAPÍTULO 8

imensa bacia – a caldeira. Não houve erupção de um supervulcão na história registrada, mas evidências geológicas mostram que provavelmente pode já ter ocorrido. E há as caldeiras deixadas por erupções anteriores que revelam onde os supervulcões estavam (ou quem sabe ainda estejam).

Certa vez, muito tempo atrás ...

O último supervulcão a entrar em erupção foi o Toba, na Indonésia (VEI 8 – veja o quadro "Medindo erupções", a seguir). Ele deixou uma caldeira vulcânica que se tornou o Lago Toba, com 100 km de comprimento e 50 km de largura. A erupção ocorreu por volta de 75.000 anos atrás, embora evidências só tenham sido descobertas em 1971 e, junto com ela, a existência de supervulcões. Em 1980 o Toba era 10.000 vezes maior do que o Mount St. Helens. Os cientistas não são unânimes quanto ao impacto que causou.

COMO FUNCIONAM OS VULCÕES

Sob a superfície da Terra reside uma grossa camada de rocha semilíquida e muito quente chamada magma. As massas continentais e os assoalhos oceânicos se encontram sobre "placas" de rocha que repousam sobre o magma. No ponto em que as placas se juntam ou próximo dele e em "pontos quentes" (*hotspots*) ocasionais, o magma escoa ou é forçado a ir para a superfície, onde é conhecido como lava. Alguns vulcões produzem um fluxo contínuo de lava; outros acumulam enorme quantidade dela em uma câmara subterrânea. A pressão exercida pelo acúmulo de magma pode se tornar tão grande que a câmara explode em uma violenta erupção.

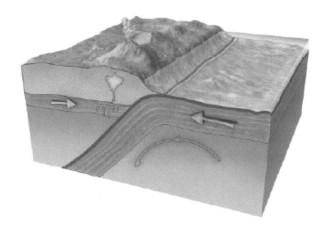

UM SUPERVULCÃO PODE ACABAR COM A HUMANIDADE? • **61**

Alguns estudiosos associam à erupção um período de resfriamento global de 1.000 anos, e sugerem que foi responsável por um gargalo na evolução humana por volta de 70.000 anos atrás quando a população foi reduzida a apenas de 1.000 a 10.000 casais para procriação. Outros animais também mostram evidências de um gargalo genético nessa época.

Talvez os seres humanos já tenham escapado por pouco da extinção causada por um supervulcão por causa da mudança climática que veio em seguida. A erupção do Toba lançou cerca de 3.000 km³ de cinzas e lava, o que pode ter resfriado o clima em 15 °C nos primeiros anos após a erupção.

MEDINDO ERUPÇÕES

A intensidade de erupções vulcânicas é medida pelo Volcanic Explosivity Index (VEI, índice de explosividade vulcânica) de 1 a 8. O VEI classifica as erupções conforme a altura da coluna de cinzas, lava e fumaça produzidas no alto do vulcão, a massa de lava e cinzas arremessadas e o tempo de duração da erupção. A erupção do Mount St. Helens, nos Estados Unidos, em 1980, atingiu o grau 5 (mas quase não chegou a essa marca). A erupção do Vesúvio que destruiu Pompeia provavelmente foi um consistente 5. Cracatoa, na Indonésia, que podia ser ouvido a centenas de quilômetros de distância e espalhou poeira ao redor do mundo em 1883, atingiu o índice 6. Tambora, que provocou resfriamento ao redor do mundo por dois anos quando entrou em erupção em 1815 atingiu 7. Os supervulcões atingem 8.

A escala é logarítmica. Isso significa que cada aumento de 1 na escala representa dez vezes aumento na dimensão da erupção: 5 é dez vezes mais intenso do que 4 e 8 é dez vezes mais potente do que 7, cem vezes mais intenso do que 6 e mil vezes mais intenso do que 5, e assim por diante.

Catástrofes vulcânicas

A história registra um número suficiente de erupções catastróficas para que fiquemos atentos ao que pode estar nos aguardando caso um supervulcão desperte de seu sono tranquilo. A erupção do Vesúvio em 79 d.C., que destruiu a cidade romana de Pompeia, foi descrita por Plínio, o Jovem, quando tinha 18 anos de idade. Parecia o fim do mundo, já que ninguém tinha a menor ideia de que o Vesúvio fosse um vulcão até começar uma chuva de rocha incandescente e cinzas sufocantes nas áreas campestres e nas cidades. Contudo, a erupção do Vesúvio atingiu um VEI 5. Lakagígar, um campo vulcânico na Islândia, ficou em erupção por um período de oito meses entre 1783 e 1784. Ele produziu

14 km³ de lava, nuvens de ácido clorídrico e dióxido de enxofre. Os vapores tóxicos mataram metade do gado do país, trazendo fome a cerca de 25% da população. Pessoas e gado por toda a Europa sofreram com aerossóis ácidos e o clima mudou radicalmente. O inverno entre os anos de 1783 e 1784 foi o mais rigoroso em 250 anos. Efeitos dessa catástrofe foram sentidos a grandes distâncias como na África, Índia e América do Norte. A erupção do Lakagígar foi a segunda maior dos últimos 1.000 anos; e, de forma retrospectiva, classificada com VEI 6.

A ilha vulcânica de Cracatoa na Indonésia voou pelos ares ou colapsou em 1883, lançando cinzas a 80 km de altura. O tsunami subsequente chegou a 46 m de altura e deu a volta na Terra três vezes. As cinzas na atmosfera fizeram com que a temperatura global diminuísse 1,2 °C produzindo magníficos pores do sol e deixando o céu ligeiramente escuro durante o dia por anos. Mais uma vez, sua intensidade foi VEI 6.

> "Uma densa nuvem negra corria atrás de nós, espalhando-se pela terra como uma enchente... caía a escuridão, não aquela de uma noite nublada ou sem Lua, mas como se o candeeiro tivesse sido apagado em um recinto fechado. Podia se ouvir os cochichos de mulheres, o choro de crianças e os gritos de homens... Muitos invocaram o auxílio dos deuses, mas um número ainda maior de aflitos acreditava que não havia restado nenhum deles e que o universo havia mergulhado numa escuridão eterna para todo o sempre."
>
> Plínio, o Jovem, 79 d.C.

Talvez a erupção mais violenta de que se tenha registro foi a que ocorreu em 1815. Estimada em VEI 7, a erupção do vulcão indonésio Tambora, em abril daquele ano, produziu o "ano sem verão", com eventos climáticos extremos e baixas temperaturas pelo mundo todo.

O estrondo da erupção, como uma arma de fogo, foi ouvido a 2.600 km de distância e suas cinzas foram lançadas a até 1.300 km de distância. Durante dois dias ficou escuro como breu até cerca de 600 km do local. Especialistas da atualidade estimam que tenham morrido de 70.000 a 100.000 pessoas, muitas de fome e doenças no período sucessivo à erupção. A erupção de um supervulcão com VEI 8 seria dez vezes mais potente do que a do Tambora.

Morto ou adormecido?

É difícil dizer se um vulcão está extinto (ou seja, jamais irá entrar em erupção novamente) ou apenas dormente (inativo no momento). Algumas fontes consideram extinto um vulcão que não entra em erupção há 10.000 anos, mas não é um dado totalmente confiável já que alguns vulcões – particularmente os supervulcões – "descansam" por muito mais tempo. Pensou-se por muitos anos que o Fourpeaked Mountain, no Alasca, estivesse extinto, porque havia entrado em erupção pela última vez por volta de 8.000 a.C. – mas ele entrou em erupção novamente em 2006.

Supervulcões conhecidos

O supervulcão mais conhecido está localizado no Parque de Yellowstone, nos Estados Unidos, e nesse país há mais dois supervulcões. Pensava-se que alguns supervulcões estivessem extintos – como o que está debaixo de Edinburgh, na Escócia. Não é fácil rastrear todas as supererupções que aconteceram no passado; as únicas erupções conhecidas com VEI 8 ocorreram nos Estados Unidos (em duas localidades), na Indonésia (Toba), no Chile, na Nova Zelândia e na Argentina. A maior erupção ocorreu no campo vulcânico de San Juan, no Colorado, e produziu 5.000 km³ de cinzas e lava – mas isso foi há aproximadamente 28 milhões de anos. Especialistas acreditam que existam cerca de 20 supervulcões ao redor do mundo.

> "Nesta semana que passou e nas duas anteriores, caíram do céu mais substâncias tóxicas do que palavras seriam capazes de descrever: cinzas, 'cabelos de Pele' [fios e fibras de vidro vulcânico tão finos como um fio de cabelo], com grande quantidade de enxofre e salitre, todos misturados com areia. Os focinhos, narinas e patas do gado pastando ou caminhando sobre a grama ficaram com uma coloração amarela vívida e grosseira. A água ficou tépida e com coloração azul-claro e o cascalho e a areia grossa dos deslizamentos ficaram cinza. Todas as plantas foram queimadas, secas e acinzentadas, uma depois da outra, à medida que as chamas se intensificavam e se aproximavam dos povoados."
>
> Jón Steingrímsson, pároco de Vestur-Skaftafellssýsla, Islândia, 1783

Principal suspeito

Yellowstone, para a maioria das pessoas, continua a ser o principal candidato para uma supererupção devastadora. Ele se encontra sob o Parque Nacional de Yellowstone que cobre partes dos estados de Wyoming, Montana e Idaho nos Estados Unidos. Sua última caldeira tem 80 km de um lado a outro. É uma região muito bonita, com acres de florestas protegidas e uma paisagem extraterrestre de piscinas de cores intensas ricas em minerais, gêiseres espetaculares e lama quente e borbulhante. Contudo, o que está por debaixo do parque é aterrorizante.

64 • CAPÍTULO 8

A cidade de Edinburgh foi construída em cima de um vulcão que entrou em erupção pela última vez há 200 milhões de anos.

Yellowstone foi identificado pela primeira vez como área vulcânica nos anos 1870, porém, foi considerado extinto. Na realidade, é o intervalo entre as erupções dele que é muito longo. A gigantesca extensão da caldeira principal de Yellowstone foi mapeada nos anos 1960 e 1970 e confirmada por fotografias via satélite. O US Geological Survey – USGS, Serviço Geológico Americano – monitora constantemente sua atividade.

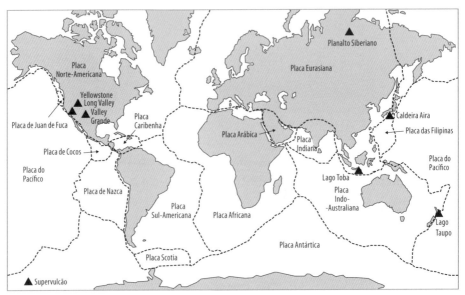

A maioria dos supervulcões está próxima das bordas das placas tectônicas da Terra.

Até agora houve apenas três erupções de enormes proporções no Parque de Yellowstone. Esse parque se encontra sobre um "ponto quente" vulcânico, área da Terra em que uma névoa de magma aflora à superfície. Como as placas rochosas que sustentam a crosta terrestre se deslocam constantemente, o terreno sobre o "ponto quente" se modifica. Tem ocorrido uma série de erupções provenientes do "ponto quente" que agora se encontra sob Yellowstone, porém, apenas as últimas três ocorreram em Yellowstone. Houve pelo menos 12 supererupções ao longo dos últimos 18 milhões de anos, que formaram uma cadeia de caldeiras ao longo de Idaho, Oregon e Nevada. A planície do rio Snake formou-se de fluxos de lava decorrentes dessas erupções. A primeira erupção que se conhece ocorrida nesse mesmo "ponto quente" foi há 70 milhões de anos em Yukon, Canadá.

IMPACTO MÁXIMO

Embora a supererupção em San Juan, Colorado, tenha sido de grandes proporções, foi comparativamente pequena em relação à energia produzida pelo impacto do Chicxulub, o asteroide ou cometa que se imagina ter ajudado a varrer do planeta os dinossauros não aviários, que foi 400 vezes mais impactante.

Estamos em perigo?

Os intervalos entre supererupções anteriores conhecidas giram em torno de 4.000.000 a 300.000 anos. A última supererupção ocorreu há 640.000 anos, depois de um intervalo de 600.000 anos, e isso dá margem aos alarmistas para criarem um clima de pânico. Certamente o vulcão ainda continua emitindo um som rouco e contínuo. O terreno sobre o "ponto quente" se eleva continuamente, alguns centímetros por ano, e há grande número de pequenos terremotos esporádicos. O USGS anunciou recentemente que a câmara magmática sob o Yellowstone é 2,5 vezes maior do que se pensava anteriormente. Atividade vulcânica discreta é evidente a todo instante, com gêiseres e riachos borbulhantes de temperaturas elevadas aquecidos pelo magma abaixo da superfície. Contudo, não há nenhuma garantia de que uma erupção esteja iminente. Além disso, o "ponto quente" produz várias erupções menores entre suas grandes explosões. A mais recente ocorreu há 70.000 anos.

Atualmente, o USGS afirma que não há indícios de erupção iminente. Esperam que surjam sinais de alerta semanas, meses ou possivelmente até

anos de antecedência. Mas se soubéssemos que a erupção iria ocorrer, o que poderíamos fazer?

E se...?

A supererupção mais recente em Yellowstone foi 1.000 vezes mais violenta do que a erupção do Mount St. Helens em 1980, que os americanos consideraram uma grande erupção. Em uma erupção de dimensões similares, uma coluna de cinzas atingiria 30 km de altura e detritos seriam lançados a uma distância que chegaria ao Golfo do México. Ventos escaldantes arrastariam um denso nevoeiro de cinzas e rochas superaquecidas (entre 800 e 1.000 °C), que queimariam instantaneamente tudo que encontrasse pelo caminho, arrasando o terreno. E eles sopram a 700 km/h, portanto, não há como escapar. Cinzas e lava encobririam vales próximos com uma profundidade de mais de 100 m, os detritos estariam tão quentes que se tornariam um bloco, preenchendo os vales com rocha densa e consistente. Alguns estimam que morreriam 100 milhões de norte-americanos nas semanas imediatamente posteriores à supererupção.

Gases e cinzas se elevariam na atmosfera e se misturariam com vapor-d'água produzindo uma bruma que bloquearia a luz do Sol por anos ou décadas, mergulhando o planeta em um inverno vulcânico que mataria plantas e animais. Agricultura e pecuária ficariam improdutivas em todo o mundo. Se as suposições de que a erupção do Toba causou uma brusca temporada de frio de 1.000 anos de duração estiverem corretas, os próximos dez séculos seriam arruinados.

ESTÁ VIVO!

Em 1973 foi descoberto que o Yellowstone ainda está ativo. O geólogo Bob Smith havia trabalhado em Peale Island no Yellowstone Lake em 1956. Ao retornar ao local em 1973, pretendendo usar o mesmo atracadouro para seu barco, percebeu que ele se encontrava debaixo d'água; árvores nas redondezas ao longo da costa parcialmente submersas estavam morrendo. Verificando os marcos que haviam sido colocados nas estradas desde 1923, constatou que a área no lado norte do lago havia se elevado 75 cm ao longo do tempo, mas a extremidade sul não se elevou, portanto, o terreno estava formando uma abóbada sobre o vulcão. Tratava-se, nas palavras do próprio Smith, de uma "caldeira viva, que ainda respira".

EXTERMÍNIO

O Planalto do Decã forma um vasto platô na Índia. É uma placa rochosa de 2.000 m de espessura, com um volume total de 512.000 km^3 formados de lava solidificada há 66 milhões de anos. As erupções podem ter perdurado por 30.000 anos e a lava pode ter coberto uma área correspondente à metade da Índia. As temperaturas do planeta diminuíram 2 °C, e muitos especialistas acreditam que a combinação das erupções com o asteroide Chicxulub selaram a sorte dos dinossauros, exterminando 75% das espécies de plantas e animais sobre a face da Terra.

CAPÍTULO 9

Poderemos viver mil anos?

As pessoas estão vivendo mais tempo, mas prolongar a vida alguns anos a mais não é nada comparado com a ambição de estendê-la por nove séculos.

Sessenta mais dez

A expectativa de vida considerada "normal" é frequentemente estimada por volta de 70 anos. Contudo, em muitas situações a vida dura muito menos do que isso, especialmente quando as pessoas são ameaçadas por perigos como guerra, fome e doenças. Não obstante, sempre ficou claro que todos temos o potencial de viver mais tendo em vista o maior tempo de vida dos privilegiados e bem nutridos. Dentre os gregos antigos, Sócrates tinha 70 ou 71 anos quando foi executado, e Isócrates viveu até os 98; no Antigo Egito, há mais de 3.000 anos, Ramsés II viveu até os 90.

É óbvio que expectativa de vida "normal" é um termo vago. Não é o máximo possível, nem a média, mas talvez o que podemos esperar de alguém que consiga evitar desastres e tenha uma qualidade de vida razoável. No passado, a mortalidade infantil era muito maior, e muito mais pessoas morreram na adolescência, aos 20, 30, 40 ou 50 anos em comparação a hoje, portanto, a expectativa de vida era menor. Devido aos perigos durante o parto, as mulheres se encontravam em maior risco entre a puberdade e os 40 anos. Essa também era uma idade arriscada para os homens, que estavam sujeitos a doenças, acidentes e morte em batalhas.

Atualmente, principalmente graças à vacinação infantil, às condições mais seguras de trabalho e de parto e ao fato de que há menos guerras no mundo, espera-se que a maioria das pessoas em nações industrializadas viva até os 70 ou 80 anos pelo menos. Um número bastante grande alcançará os 100 anos e alguns poucos os 110 ou 115. Mas e se pudéssemos viver por muito mais tempo? Digamos até 800, 900 ou mesmo 1000 anos, seria possível? Quais seriam as implicações sociais? Será que gostaríamos de viver tanto tempo?

Por que morrer?

Deixando de lado personagens mitológicos que foram descritos como tendo alcançado uma idade muitíssimo avançada, só uma quantidade bem pequena de pessoas viveu mais de 100 anos. Parece haver algo que de modo inato, por si só, limita o corpo humano. Há vários estudos tentando descobrir fatores que afetam ou causam o envelhecimento. Alguns que demonstraram resultados evidentes investigaram o consumo de alimentos; outros investigaram a estrutura dos cromossomos.

> "Setenta anos é o tempo da nossa vida,
> Ou, havendo vigor, oitenta.
> E a maior parte deles é canseira e enfado,
> pois passam depressa, e nós voamos."
>
> Salmo 90:10, *Bíblia Sagrada* (Almeida Revista e Atualizada)

Comer menos, viver mais?

Estudos feitos com ratos e camundongos demonstraram que restringir o consumo de calorias e ao mesmo tempo proteger-se para não ficar malnutrido pode estender a expectativa de vida – às vezes duplicando-a. Um estudo de 2014 constatou a mesma vantagem de uma dieta restrita em primatas. Houve duas vezes mais macacos Rhesus que alcançaram os 35 anos de idade seguindo uma dieta de restrição de calorias em comparação com os que seguiram uma dieta normal, que era o grupo de controle (mortes de causas não relacionadas à idade foram excluídas dos resultados). Isso sugere que poderíamos viver mais se comêssemos menos – e não só o suficiente para evitar sobrepeso ou ficar obeso, mas menos do que comemos habitualmente para manter o peso saudável.

Experimentos sobre dietas com restrição de calorias são realizadas sob condições controladas e, geralmente, são dados aos animais suplementos dietéticos para ter certeza de que o que se está restringindo são apenas calorias e não outros nutrientes essenciais. O suprimento alimentar para os macacos Rhesus foi reduzido gradualmente em 30% por um período de três meses, permitindo-lhes adaptação à mudança. Experimentos com restrição calórica também têm sido realizados com humanos, mas com resultados heterogêneos.

Quão saudáveis são suas células?

Outra abordagem para o modo como as células se deterioram com o envelhecimento (a senescência, no jargão da Biologia) examina o processo de divisão celular e seus limites. Nosso corpo é renovado constantemente ao criar novas células para substituir as que estão desgastadas ou danificadas. A fim de produzir células novas, as células existentes dividem-se ao meio. Esse processo é chamado de mitose.

Durante a mitose, a célula duplica seu conteúdo, depois cada conjunto de componentes de células se separa e uma parede celular cresce entre elas, dividindo os dois lados em duas células separadas.

ONDE VIVER POR MAIS TEMPO

Shimane, no Japão, tem mais pessoas com idade acima de 100 anos por milhão de habitantes do que qualquer outro lugar no mundo. Em 2010, eram 743 centenários por milhão de pessoas. O Japão, os Estados Unidos e a França têm alguns dos indivíduos mais longevos. A pessoa mais velha cuja idade pôde ser provada conclusivamente foi Jeanne Calment, que morreu na França aos 122 anos (1875-1997).

Os cromossomos são longas fitas de DNA que codificam as instruções genéticas para compor o organismo (leia o capítulo "Qual é a diferença entre uma pessoa e uma alface?"). O DNA é uma molécula muito comprida e complexa que se parece um pouco com uma escada torcida no formato de espiral (leia também o capítulo "Podemos trazer os dinossauros de volta à vida?"). Ao longo de todo o caminho, os "degraus" são compostos de bases. Ao se preparar para se duplicar, o DNA "se descompacta" em duas metades. Cada metade é facilmente reconstruída, já que cada base só tem de ser emparelhada com seu companheiro habitual. A célula constrói a segunda metade de cada fita e fica com dois conjuntos de cromossomos idênticos.

Até aqui, sem problemas. Porém, o mecanismo pelo qual a célula realiza essa tarefa bastante complexa envolve renunciar a uma parte da extremidade de cada cromossomo. Isso significa que o comprimento de cada cromossomo é reduzido cada vez que é duplicado. Isso poderia ser desastroso, mas felizmente os cromossomos vêm preparados. Cada um deles tem um "tampão" de material não codificado nas extremidades chamado telômero, que protege a parte de codificação importante do cromossomo de modo que toda a informação possa ser passada intacta. Porém, cada vez que a célula se divide e os cromossomos são duplicados, parte do telômero é extirpada.

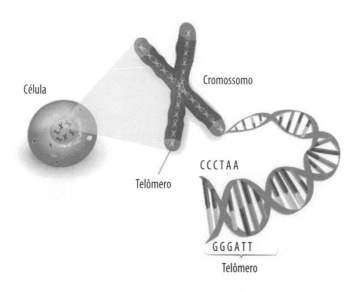

72 • CAPÍTULO 9

Finalmente, após muitas duplicações, resta muito pouco do tampão do telômero para proteger o cromossomo. Nesse ponto, a célula se torna senescente ou morre. Se a célula continuasse se duplicando, resultaria em DNA danificado, células com funcionamento anormal e perigosas para todo o organismo. Se isso acontecer e células defeituosas continuarem a se duplicar, há possibilidade de progressão para câncer.

Portanto, à medida que um organismo envelhece seus telômeros encurtam. Isso é bastante óbvio – se eles perderem um pouco cada vez que as células se dividirem, quanto mais velho for o organismo, mais encurtamentos terão acontecido. É possível medir a taxa de envelhecimento examinando quanto os telômeros têm encurtado, contanto que conheçamos o comprimento do telômero ótimo original para aquele organismo. Para jovens, é ao redor de 10.000 nucleotídeos. Nucleotídeo é um grupo de pares de bases; nos telômeros, os nucleotídeos sempre têm a configuração TTAAAGG (ou seja, timina, timina, adenina, adenina, adenina, guanina, guanina). A taxa de redução varia; células do fígado humano perdem aproximadamente 55 pares de bases por ano – isso significa que se você pudesse viver até que suas células do fígado não tivessem mais telômeros, poderia chegar aos 180 anos, aproximadamente. Outras células se encurtam em média aproximadamente 25 pares de bases por ano – portanto, talvez você pudesse viver até os 400 anos.

Proteja esses telômeros!

Pesquisas concluíram que ter telômeros menores que a média para determinada idade tem sido associado à menor expectativa de vida e ao surgimento de doenças relacionadas à idade como cardiopatias coronarianas, osteoporose e insuficiência cardíaca. Pessoas com telômeros mais curtos geralmente morrem mais cedo.

Felizmente, você pode proteger seus telômeros para reduzir a taxa de encurtamento ao fazer mais exercícios, alimentar-se de maneira saudável e não fumar.

- Fumo: a cada pacote de cigarros fumado por dia, o encurtamento dos telômeros aumenta em cinco pares de bases por ano. Espera-se uma diminuição de 7,4 anos de vida (em média) para quem fuma um pacote por dia durante quarenta anos.

- Obesidade: os telômeros são consideravelmente mais curtos em indivíduos obesos do que em pessoas esbeltas da mesma idade. O prejuízo da obesidade em termos de diminuição da expectativa de vida como resultado do encurtamento de telômeros tem sido calculado em 8,8 anos.
- Poluição: a exposição excessiva a poluentes está associada ao encurtamento dos telômeros. Foi comprovado que policiais de trânsito tem telômeros menores que funcionários de escritório da mesma idade.
- Estresse: estresse consistente pode encurtar os telômeros o equivalente a 10 anos de vida.
- Exercícios: ser ativo diminui o encurtamento dos telômeros – pelo menos se você for muito ativo.
- Dieta: a melhor dieta para manter os telômeros saudáveis e longos é – adivinhem – rica em fibras, com baixo nível de gorduras polissaturadas, com ácidos graxos ômega-3 e antioxidantes como vitamina C, vitamina E e betacaroteno. O consumo restrito de proteínas está associado à taxa de crescimento reduzida, menor apetite nos adultos e a menor encurtamento de telômeros. A expectativa de vida foi estendida até 66% em animais de laboratório. Se isso funcionar, a expectativa de vida dos humanos poderia alcançar os 150 anos. Contudo, a proteína é uma parte essencial de nossa dieta e as exigências individuais variam. Não restrinja seu consumo de proteína ou o de seus filhos sem aconselhamento médico.

Ou não...

Um estudo feito em 2014 não encontrou nenhum vínculo entre massa corpórea, fumo, frequência de atividades físicas e consumo de bebida alcoólica com o encurtamento dos telômeros. A questão ainda se encontra em aberto. Mas ninguém sugeriu que alimentar-se de maneira saudável e ser ativo são, de fato, ruins para você e seus telômeros. Um estudo feito em Tel Aviv detectou que a cafeína aumenta a incidência de encurtamento dos telômeros, mas o álcool a reduz, portanto, um compensa o outro. Porém, esse estudo foi feito com levedo, pode não ser válido para nós.

A enzima telomerase estimula a regeneração dos telômeros. Normalmente, a telomerase é encontrada em células-tronco (leia o capítulo "Seriam as células-tronco o futuro da medicina?"), inclusive aquelas presentes na medula óssea responsáveis pela produção de células sanguíneas. As células-tronco são as células básicas das quais derivam todas as demais células do corpo. A telomerase não é ativa nas células do corpo.

Se a telomerase for aplicada a células nas quais os telômeros tenham sido encurtados com o passar do tempo, os telômeros crescem novamente. Esse fato tem potencial para tratar ou retardar o surgimento de condições relacionadas à idade. É provável que as primeiras tentativas clínicas sejam nos tratamentos para pessoas com condições que causem envelhecimento precoce acelerado, e não com pessoas que gostariam de viver até os 200 anos ou que tenham sido imprudentes com seus telômeros devido a consumo exagerado de alimentos e ao hábito de fumar ao longo de anos.

Um experimento da Universidade de Stanford, Califórnia, em 2015, abordou a estimulação de células para criar telomerase. Pesquisadores acharam que poderiam readicionar 1.000 nucleotídeos a telômeros encurtados – o que corresponderia a muitos anos extras de vida humana, talvez um adicional de 10% na expectativa de vida. As células de pele humana tratadas deste modo poderiam se dividir cerca de 40 vezes mais do que células não tratadas.

O guru da longevidade: Aubrey de Grey

Aubrey de Grey é um gerontologista biomédico que acredita que estender a vida humana consideravelmente é cientificamente possível. Ele disse que a primeira pessoa que viverá até os 1000 anos provavelmente já tenha nascido. De Grey defende que danos cumulativos ao DNA mitocondrial contribuem significativamente para o envelhecimento. Ele listou sete tipos de deterioração em nível celular ou microscópico que acredita contribuírem para o envelhecimento. Ele também fundou uma organização sem fins lucrativos para tentar encontrar tratamentos para essas deteriorações, com a intenção de aumentar a expectativa de vida consideravelmente.

Poucos cientistas acreditam que a lista elaborada por Grey realmente defina o envelhecimento e afirmam que ela atualmente não oferece nenhum tipo de opção de tratamento que prolongaria a vida. A conclusão da maioria dos cientistas que trabalha na área foi a de que há poucas evidências para sustentar essa teoria; contudo, não foi conclusivamente provado que ela está errada.

TELÔMEROS E CÂNCER

As células cancerosas têm, tipicamente, telômeros curtos, mas muitas sofrem a ação da telomerase. Como isso, os telômeros se estendem e é dado um novo sopro de vida às células cancerosas. As células cancerosas tornam-se, então, capazes de se multiplicar rapidamente sem mudança genética adicional. Isso as torna mais bem-sucedidas do que células somáticas (do corpo) – o que é uma má notícia. Contudo, se a telomerase estiver associada ao crescimento desenfreado de células cancerosas, isso sugere que um tratamento focado na inibição da função da telomerase - pelo menos na área do tumor – pode reduzir a taxa de disseminação ou do crescimento do câncer.

Como acontece em qualquer desenvolvimento científico, é fácil se deixar levar por perspectivas entusiasmantes de uma grande descoberta e novos conhecimentos. Mas prolongar a expectativa de vida só vale a pena se os anos extras forem saudáveis e ativos. Essa é a perspectiva oferecida ao se tirar proveito da telomerase. Inevitavelmente, qualquer tratamento como esse seria caro; portanto, seu uso ficaria limitado a pessoas ricas em nações ricas, pelo menos no começo. O impacto social seria significativo e, possivelmente, não de modo bom.

E o que dizer sobre o impacto nos indivíduos muito idosos? Você realmente gostaria de viver séculos após seus entes queridos terem morrido? Gostaria de ver o mundo que conheceu desaparecer completamente?

Viver mais ou ressuscitar?

Sem nenhuma perspectiva imediata de expectativa de vida imensamente estendida, algumas pessoas estão pagando vastas somas de dinheiro para que seus corpos sejam preservados criogenicamente (congelados após a morte). Aquelas pessoas que possuem menos dinheiro optaram por ter só a cabeça preservada. A ideia é que em algum momento no futuro, independentemente da doença que tenha provocado sua morte, a doença possa algum dia ser tratada com sucesso. Assim, essas pessoas poderão ser ressuscitadas, curadas e continuar vivendo. Até agora, mais de 150 pessoas nos Estados Unidos foram preservadas criogenicamente (300 no mundo todo) e cerca de 80 cabeças estão armazenadas.

Porém, repito: Qual seria a sensação de ser ressuscitado 100 anos após todos aqueles que você conheceu terem já partido?

CRIOGENIA

Não há nenhuma opção "Faça você mesmo" para preservação criogênica – não é possível fazê-la em um freezer doméstico.

Assim que a pessoa morre, a equipe de criogenia tenta manter o sangue circulando enquanto o corpo é transportado para as instalações de preservação. Lá, a temperatura corpórea é reduzida até aproximar-se de 0 ºC. O sangue é drenado do corpo e recolocado junto com uma solução crioprotetora para impedir que cristais de gelo se formem nos órgãos e tecidos e os danifiquem. O cadáver é então resfriado a -130 ºC e colocado num contêiner, que é submerso num tanque de nitrogênio líquido. É mantido em temperatura constante de -196 ºC. O processo de resfriamento é bem lento, leva de duas a três semanas, aproximadamente 0,5 ºC por dia.

Críticos explicam que as condições e os crioprotetores necessários variam para os diferentes órgãos do corpo; que atualmente não temos tecnologia para descongelar as pessoas com segurança; que qualquer pessoa que seja descongelada com sucesso pode sofrer danos físicos sérios e, possivelmente, perda total da memória. Um corpo a -196 ºC ficaria tão frágil que poderia se despedaçar como vidro ao sofrer um impacto e até o processo de descongelamento pode produzir choque térmico suficiente para rompê-lo de forma permanente. Se você ainda estiver interessado na ideia, o custo é de aproximadamente 200 mil dólares para a preservação do corpo inteiro ou 80 mil dólares só para a cabeça.

CAPÍTULO 10

Por que os satélites não caem?

Os satélites estão no raio de ação da gravidade da Terra, contudo, como regra eles não caem do céu – Por que não?

Flutuando

A gravidade terrestre se estende bem além da atmosfera – afinal de contas, a Lua é mantida em órbita e não escapa para o espaço. A Estação Espacial Internacional (ISS, International Space Station) é um satélite que orbita a Terra da mesma maneira que os satélites de previsão do tempo e de telecomunicações. A ausência de gravidade que os astronautas experimentam na ISS é uma pista para saber por que os satélites ficam em órbita.

Caindo sem aterrissar

Os satélites não se chocam contra a Terra pela mesma razão que os astronautas ficam sem peso na ISS. Ambos estão em queda livre. A queda livre é um estado de queda perpétuo, mas nunca atingindo nada de fato porque "o ponto final da queda" terá se movido quando se chegar lá. Imagine fragmentar o ato da queda em minúsculos interlúdios. A cada momento o objeto cai em direção ao centro de um corpo de grande massa (tal como a Terra). Mas a cada momento o objeto também está se movimentando ao redor desse corpo; portanto, o lugar que se está almejando como "ponto final da queda" muda constantemente. A queda livre é alcançada quando algo orbita ao redor da Terra à velocidade exatamente certa para reagir ao efeito da atração da gravidade – não é que o objeto não esteja sujeito à gravidade, mas ele escapa constantemente de suas consequências. A velocidade do objeto ao viajar é determinada pela força da gravidade que atua sobre o objeto; portanto, isso depende da altura em que ele orbita a Terra. A massa não faz nenhuma diferença – a Lua ou um satélite de comunicações do tamanho de uma bola de basquete teriam de viajar à mesma velocidade se estivessem na mesma altitude.

Se um satélite estivesse em uma órbita muito baixa, de modo que ainda estivesse dentro da atmosfera, a resistência das moléculas de ar reduziriam sua velocidade. Isso aconteceria bem depressa, com a órbita diminuindo notadamente a cada circuito, e o satélite se chocaria contra a superfície num curto intervalo de tempo. Portanto, não deixamos que satélites fiquem vagando a esmo pela atmosfera.

PESO E MASSA

Peso e massa não são a mesma coisa, embora frequentemente intercambiemos as palavras. Peso é o efeito da gravidade agindo na massa. Isso significa que um objeto de massa fixa, digamos de 10 kg, será mais pesado na Terra do que em outro lugar com gravidade mais baixa, como a Lua.

Na Terra, o peso e a massa são os mesmos porque nosso referencial é o mesmo – a gravidade da Terra. Os astronautas na Lua têm a mesma massa que na Terra, mas o peso deles é aproximadamente um décimo do que é aqui. Por conseguinte, um astronauta na Lua consegue erguer objetos com maior quantidade de matéria (isto é, com maior massa) do que na Terra, porque os objetos pesam menos.

Escolha sua órbita

As órbitas são divididas em faixas. A órbita terrestre baixa é definida como estando abaixo de uma altitude de 2.000 km; a órbita terrestre média está na altitude de 2.000-35.786 km; e a órbita terrestre alta está acima de 35.786 km. A maioria dos satélites está na órbita terrestre baixa, a uma altitude aproximada de 650 km.

A altitude exata de 35.786 km é um lugar especial, chamado "órbita geossíncrona". Aqui, o satélite viaja a uma velocidade que é exatamente igual à da rotação da Terra. O efeito é que o satélite se mantém em compasso com um mesmo ponto na Terra e permanece acima deste o tempo todo; se diz que está "geoestacionário". Os satélites de comunicação geralmente são geoestacionários, assim eles podem retransmitir sinais entre pontos fixos na Terra.

Acima da órbita geossíncrona fica uma área conhecida como "órbita-cemitério", para a qual são enviados satélites velhos para "morrer". Nessa órbita, eles apenas continuam orbitando para sempre, sem causar empecilhos. Está ficando bem congestionado lá em cima. O lixo espacial – pedaços de satélite, satélites inteiros, peças que se soltaram de espaçonaves – está se tornando um perigo crescente para astronaves lançadas da Terra que têm de passar pelo cemitério.

Satélites como a ISS, que não estão na órbita geossíncrona, se movimentam acima da superfície da Terra. A ISS viaja a aproximadamente 27.600 km/h (17.000 mph) a uma altitude de 330-435 km. Um efeito disso é que a tripulação vê um nascer do sol a cada 90 minutos! Satélites não geostacionários são usados em aplicações como levantamentos topográficos e previsão do tempo.

Mais fatos curiosos sobre a gravidade

A lei da gravitação universal de Isaac Newton, publicada em 1687, estabeleceu que a força da gravidade é inversamente proporcional ao quadrado da distância entre dois objetos.

Em termos mais simples, significa que se você dobrar a distância entre dois objetos, a força da gravidade que estiver atuando entre eles será um quarto do que era. Ao medir a atração da gravidade da Terra, o centro da Terra é o ponto de partida para a medida – embora, evidentemente, a gravidade a que estamos submetidos diariamente é a da superfície da Terra, 6.371 km a partir do centro.

Cancelando a gravidade

A força da gravidade se reduz quanto mais distante ficamos de um corpo como a Terra ou a Lua, mas há um ponto entre os dois corpos no qual a gravidade da Lua e a gravidade da Terra são exatamente iguais e se compensam. Um objeto lançado neste ponto, sem aceleração, permaneceria suspenso entre os dois. Esse ponto neutro também é conhecido como ponto de Lagrange, em homenagem ao astrônomo italiano Joseph-Louis Lagrange (1736-1813), que foi o primeiro a calculá-lo.

Há também um ponto de Lagrange entre a Terra e o Sol. Satélites têm sido colocados em pontos de Lagrange para estudar o Sol e mapear o Universo. A gravidade da Lua se torna mais forte que a da Terra quanto mais um satélite se aproximar dela. Um objeto lançado nessa situação, sem aceleração, cairia na direção da Lua e não na da Terra e, finalmente, cairia na órbita em torno da Lua (ou se chocaria contra ela).

A massa da Terra é aproximadamente 81 vezes maior que a da Lua. Já que a gravidade segue a lei de Newton do inverso dos quadrados, o ponto neutro entre a Terra e a Lua está a mais ou menos nove vezes de distância tanto da Terra quanto da Lua (pois $9^2 = 81$). Isso fica a aproximadamente 340.000 km da Terra. Entretanto, não é um ponto único e estável. As equações que nos permitem calcular sua localização assumem que cada corpo é uma esfera perfeitamente lisa, mas nem a Terra nem a Lua são exatamente esféricas ou lisas. Há também variação na densidade de cada uma delas, significando que

---

QUE DIREÇÃO É PARA BAIXO?

"Para baixo" sempre indica uma direção no sentido do centro da Terra. Se você deixar cair um objeto no Equador ou na Austrália ou em um dos polos, sempre cairá no solo porque é atraído para o centro da Terra. No espaço, os objetos são atraídos para o centro de quaisquer corpos que estiverem exercendo força gravitacional. Isso significa que pode haver muitas fontes de gravidade atraindo um objeto em diferentes direções. Nem sempre a maior força de atração gravitacional será a do objeto mais próximo, já que ela está relacionada com a massa bem como com a distância. Uma espaçonave lançada entre a Terra e o Sol poderia estar mais próxima da Terra, mas ainda assim ser atraída para a órbita ao redor do Sol, se a força gravitacional dele for maior. Embora a Terra no espaço seja sempre mostrada com o norte na parte superior, de modo que pareça que o sul fica "para baixo", isso é mera convenção: para cima, para baixo, norte e sul não têm nenhum significado no espaço.

O Sol surgindo acima da curvatura da Terra, visto da Estação Espacial Internacional.

a gravidade não é igual por toda a superfície. Além disso, a órbita da Lua não é realmente circular, mas elíptica. E, finalmente, a localização exata do ponto neutro é afetada pela parte da Terra que estiver mais próxima da Lua num dado momento. Se, por exemplo, o Himalaia estiver entre a Terra e a Lua, afetará a posição do ponto neutro.

Como a Lua orbita em torno da Terra, e ambas se movem no espaço ao redor do Sol, o ponto neutro também orbita em torno da Terra, permanecendo numa linha entre o centro da Terra e o centro da Lua em qualquer dado momento.

Lugares mais estáveis

Há mais de um ponto neutro em relação a dois corpos, se cada um deles estiver orbitando em torno do outro. Há cinco pontos de Lagrange, dos quais o mais óbvio – aquele que acabamos de descrever – é conhecido como L1. Os outros são:
- L2, que está fora da órbita do corpo menor, à mesma distância dele quanto de L1 mas oposto a ele;

A *"batata de gravidade de Potsdam"* é uma imagem da Terra ilustrada para mapear a força da gravidade em diferentes pontos.

- L3, que está no lado mais afastado do corpo maior, na trajetória da órbita, diametralmente oposto à posição atual do corpo menor;
- L4 e L5, que se encontram em pontos de triângulos equiláteros desenhados com uma linha entre os dois centros como sua base.

Destes, L4 e L5 são os mais estáveis. Objetos orbitando em torno dos pontos L1, L2 e L3 tendem a sair da órbita.

Vamos viver no espaço

Nos pontos L4 e L5 em particular, um objeto pode seguir a órbita do corpo menor sem ter de usar força própria. Isso os torna lugares excelentes para posicionar estações espaciais. Vários observatórios e telescópios espaciais ocupam os pontos L1 e L2 para o sistema Sol-Terra.

Vários planetas têm satélites naturais nas posições L4 e L5 em relação ao Sol. (Como as órbitas L1-L3 tendem a ser instáveis, satélites naturais nessas posições não são comuns. A instabilidade vem da atração gravitacional de outros planetas em órbita ao redor do Sol.) Esses satélites naturais geralmente são asteroides, embora a lua de Saturno, Tethys, tenha duas luas menores nos seus pontos L4 e L5, chamadas Calypso e Telesto. Júpiter tem dois hospedeiros de asteroides, um em cada ponto, conhecidos como acampamentos grego e troiano.

Subindo...

A maior parte da energia (e, portanto, do combustível) usada para lançar um satélite realmente não é necessária para enviá-lo para cima, mas é usada para

POR QUE OS SATÉLITES NÃO CAEM? • 83

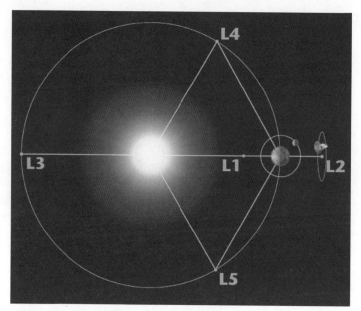

Pontos de Lagrange para a Terra e para o Sol.

acelerá-lo até a velocidade certa de sua órbita. O espaço não está realmente muito longe, começa a 100 km acima do solo. Isso significa que alguns lugares – como Seattle, Beijing, Cairo e Canberra – estão mais próximos do espaço do que do mar. O desafio real é acelerar um veículo a uma velocidade de aproximadamente 8 km (5 milhas) por segundo para mantê-lo no espaço. Uma vez em órbita, não é preciso queimar combustível o tempo todo. Basta um pouco de energia agora e depois corrigi-lo se começar a derivar (é a chamada "manutenção da posição orbital").

...e descendo

Às vezes a órbita de um satélite decairá. Isso geralmente acontece porque ele perde velocidade, não sendo mais capaz de se manter à frente da atração gravitacional. A maioria dos satélites que cai se queima ou se parte quando entra na atmosfera da Terra. O atrito entre as moléculas de ar e do material do satélite produz energia suficiente para destruir o satélite. Apenas ocasionalmente pedaços grandes caem na Terra intactos. É por isso que satélites são frequentemente posicionados na órbita-cemitério – para que não se choquem contra a Terra e não causem dano algum.

E quanto à relatividade?

O modelo de gravidade de Newton como uma força foi substituído pela explicação de Einstein na teoria da relatividade geral. Einstein explica a gravidade como uma característica do espaço-tempo curvado. Isso é mais fácil de entender se pensarmos no espaço-tempo como um cobertor esticado, no qual corpos de grande massa (bolas sobre o cobertor, ou planetas e estrelas no espaço-tempo) provocam uma concavidade ou curvatura. Outros objetos

caem naturalmente em direção aos corpos mais pesados, sendo arrastados para dentro da concavidade. Não é uma analogia perfeita, já que representa o espaço-tempo quadridimensional como um cobertor bidimensional no espaço tridimensional, mas é um bom começo.

Um diagrama da curvatura em três dimensões pode ser mais difícil de entender, porém é mais próximo da realidade.

Felizmente, o comportamento de satélites segue as leis de Newton e a discrepância entre as descrições de Newton e de Einstein não faz muita diferença a essa altura. Contudo, as leis de Newton têm limitações se tentarmos lidar com sistemas diminutos ou muito grandes.

A L5 SOCIETY

Fundada em 1975, a L5 Society propôs construir colônias espaciais gigantes nos pontos L4 e L5 da órbita da Lua ao redor da Terra. É desnecessário dizer que não se materializaram até então. A L5 Society se fundiu com o National Space Institute em 1986, sendo hoje a National Space Society.

CAPÍTULO 11

O que aconteceria se você caísse em um buraco negro?

É improvável que você caia em um buraco negro no caminho para o trabalho ou a escola. Porém, o que aconteceria se você realmente caísse?

Nem negro, nem buraco

"Buraco negro" é uma denominação um tanto imprópria. Geralmente, buraco significa um espaço vazio, ao passo que em um buraco negro há uma quantidade muito grande de alguma coisa. A definição oficial de buraco negro é a de uma região do espaço-tempo que tem efeitos gravitacionais extremamente fortes. Como a gravidade é exercida por matéria atuando sobre outra matéria, a força da gravidade que um corpo exerce é proporcional a sua massa. Isso sugere, corretamente, que já que um buraco negro produz gravidade muitíssimo intensa, ele tem uma massa enorme (quantidade de matéria, no sentido técnico da palavra).

O volume ocupado por um buraco negro é muito pequeno em relação à quantidade de massa que ele possui; portanto, o buraco negro é muito denso. Os buracos negros se formam quando a matéria colapsa em si mesma,

produzindo algo tão denso que sua atração gravitacional é muito forte a ponto de não permitir que nem a luz escape. Isso significa que os buracos negros se parecem com áreas negras do espaço – "buracos" na abóbada celeste coberta de estrelas.

Como "vemos" os buracos negros

Pelo fato de os buracos negros não emitirem nem refletirem luz, são invisíveis e, portanto, muito difíceis de localizar. Contudo, os astrônomos conseguem detectar sua presença pelo impacto que causam em outros objetos. Um buraco negro próximo a uma estrela algumas vezes afeta a órbita da estrela. A luz de uma estrela ou galáxia atrás do buraco negro pode ser encurvada pela gravidade do buraco negro, um efeito chamado lente gravitacional. Isso significa que uma estrela ou galáxia pode ser vista por astrônomos quando, de fato, ela deveria estar oculta. E se um buraco negro tiver atração gravitacional suficientemente forte para puxar gás para dentro de uma estrela ou de outro tipo de matéria próxima, isto provocará um aquecimento à medida que o gás adentra em forma de espiral no buraco negro. Depois o buraco negro emite uma brilhante "explosão" de radiação que telescópios espaciais conseguem detectar. Nem todos os buracos negros exibirão esses sinais reveladores;

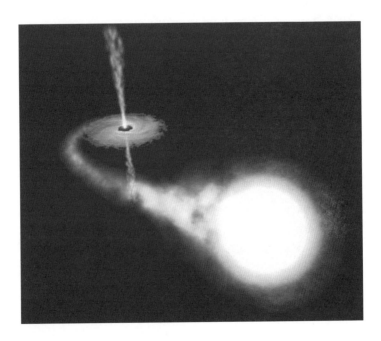

portanto, provavelmente deve haver uma série de buracos negros por aí dos quais não temos conhecimento.

Gravidade supercarregada

A gravidade extremamente intensa dos buracos negros é o que dá a eles suas características. Em torno de cada buraco negro existe uma fronteira chamada horizonte de eventos. Uma vez que qualquer coisa tenha cruzado o horizonte de eventos, a atração da gravidade do buraco negro se torna irresistível e o objeto (ou a luz) é puxado na direção dele passando, inevitavelmente, a fazer parte do buraco negro.

Entretanto, nem tudo que é puxado na direção do horizonte de eventos de um buraco negro acaba realmente se tornando parte do buraco negro. Matéria em órbita em torno do buraco negro, fora do horizonte de eventos, forma um disco de acreção. Parte desse disco, à medida que for perdendo seu momento angular, cairá, indo na direção do buraco negro. Matéria girando no disco de acreção acaba se chocando contra outras partículas a altíssima velocidade e parte da matéria e da radiação são cuspidos para fora em direção do espaço. Isso é chamado efluxo, e fornece outro indício de que o buraco negro se encontra lá.

Despencando?

A gravidade de um buraco negro não é infinita. A gravidade é função da massa e a atração gravitacional exercida sobre outro corpo depende da massa de ambos e da distância entre eles (leia o capítulo anterior, "Por que os satélites não caem?"). Assim como a Terra não cai sobre o Sol, um corpo vagando próximo de um buraco negro ou orbitando um deles não irá inevitavelmente cair sobre o buraco negro.

Contudo, da mesma forma que um corpo que vaga muito próximo da superfície do Sol (ou da Terra) é atraído e puxado por sua gravidade, se enviássemos uma espaçonave para muito perto de um buraco negro, ela também seria atraída em direção a ele. Após entrar no disco de acreção girando como um pião em torno do horizonte de eventos a nave poderia perder momento angular num grau suficiente a ponto de acabar caindo e ser puxada para o centro do buraco negro e isso seria o começo de algo muito estranho.

CAPÍTULO 11

Se observarmos algo caindo na Terra sob a influência da gravidade, o objeto mantém a forma. O impacto da gravidade em todos os pontos do objeto é praticamente o mesmo. Porém, no caso de um buraco negro, a gravidade é tão descomunal que mesmo em uma distância curta, como o comprimento de uma espaçonave ou a altura de um astronauta, os efeitos modificadores da gravidade em relação à distância terão um impacto. A parte da nave (ou do astronauta) mais próxima do buraco negro – o trecho que adentra primeiro – estaria sujeito a uma atração gravitacional maior do que a parte mais distante. Isso significa que uma extremidade iria acelerar mais rapidamente no sentido do buraco negro do que a outra extremidade, resultando em um esticamento ou "espaguetização": o objeto seria alongado e se transformaria em uma tira fina e muito longa. Isso aconteceria por um momento – depois o objeto desapareceria no vazio e passaria a fazer parte da matéria superdensa do buraco negro.

Se você permanecer na Terra e não for vagar pelo espaço nas vizinhanças dos buracos negros, estará a salvo de ser sugado por um deles. Os buracos negros se encontram em lugares fixos (ou órbitas). Quando uma grande estrela vira uma supernova, deixa para trás um buraco negro (veja o quadro a seguir).

COMO SE FORMAM OS BURACOS NEGROS?

Acredita-se que existam três tipos de buracos negros, cuja distinção é feita segundo seu tamanho. Os menores são os buracos negros primordiais, formados logo depois do Big Bang e dos quais o Universo se formou. Eles podem ser tão minúsculos quanto um simples átomo, porém, com uma massa de vários milhões de quilos.

Os buracos negros estelares são de tamanho médio; eles se formam quando uma estrela grande morre. Tipicamente, uma estrela explode transformando-se em uma espetacular supernova, expelindo luz e matéria. O restante da estrela colapsa em si mesma, deixando um buraco negro no lugar onde estava a estrela. O buraco negro tem praticamente a mesma massa da estrela original, mas ocupa um espaço mínimo. Por exemplo, um buraco negro com uma massa 20 vezes maior do que a do nosso Sol poderia ter longitudinalmente apenas 15 km.

Já os maiores são buracos negros de massa enorme. Assim como os buracos negros primordiais, eles devem ser muito antigos, tendo sido formados, provavelmente, ao mesmo tempo que as galáxias em que se situavam. Imagina-se que a maioria das grandes galáxias, se não todas grandes galáxias tenham um buraco negro de massa enorme em seu centro. O buraco negro no centro da Via Láctea é chamado de Sagitário A*; ele é aproximadamente do mesmo tamanho do Sol, mas com massa quatro milhões de vezes maior.

Os astrônomos acreditam que os únicos novos buracos negros que irão se formar hoje em dia serão provenientes do colapso de estrelas. Já é muito tarde para a formação de buracos negros primordiais e os buracos negros extremamente maciços somente se formam com novas galáxias. O próprio Sol é muito pequeno para se transformar em um buraco negro. Seria preciso ter uma estrela com o dobro do tamanho do Sol para que ela trilhasse o caminho da morte de uma supernova e só depois virar um buraco negro.

SERIA POSSÍVEL CRIAR UM BURACO NEGRO?

Cientistas do CERN, instituto de pesquisas nucleares com instalações na fronteira entre a França e a Suíça, construíram um enorme acelerador de partículas chamado Large Hadron Collider, LHC, de modo a poderem investigar partículas subatômicas. Houve muita especulação na imprensa não científica de que experimentos desenvolvidos no CERN poderiam criar um buraco negro microscópico que "engoliria" a Terra ou até mesmo o Universo. Não existe absolutamente nenhum risco disso acontecer, por três boas razões:

- Se tais buracos negros microscópicos pudessem ser criados pela colisão de partículas, haveria muitos milhões deles criados naturalmente e nenhum deles causou danos à Terra até agora.
- Se pudéssemos criar um buraco negro microscópico desses, ele seria tão instável que decairia em um intervalo de tempo minúsculo – literalmente insignificante em termos das leis da Física – e não teria a mínima chance de causar algum mal.
- Se todas as leis da Física estivessem erradas e pudéssemos criar um buraco negro desses e também mantê-lo por um período de tempo razoável, ele cresceria tão lentamente, "comendo" uma partícula subatômica por vez, que levaria trilhões de anos para chegar à massa de um quilograma. Isso é muito mais do que a idade atual do Universo.

CAPÍTULO 12

Por que não podemos "desfritar" um ovo?

O cozimento é uma via de mão única. Uma vez que tenhamos assado um bolo ou fritado um ovo, não há como voltar atrás.

Mudanças químicas e físicas

Se derretermos um sorvete aquecendo-o, nem tudo está perdido – podemos congelá-lo novamente e ele, em grande parte, voltará ao estado em que se encontrava. Entretanto, outras mudanças com o calor em geral são permanentes – o cozimento não é algo que usualmente possa ser revertido. A diferença está no que ocorre no nível molecular.

POR QUE NÃO PODEMOS "DESFRITAR" UM OVO? • **91**

Derreter gelo – ou sorvete – é uma mudança física; as moléculas de água no gelo não são alteradas quando aquecemos o gelo até seu ponto de fusão. A mudança do estado sólido para líquido ou de líquido para gasoso (e de volta) é chamada mudança de fase. Aquecer uma substância significa fornecer energia a moléculas de modo que elas se movam mais rapidamente. Quando o gelo é aquecido, as moléculas se movimentam de forma mais vigorosa e, finalmente, rompem a estrutura cristalina que as mantém na estrutura sólida do gelo. Ao ser aquecido, as moléculas se movimentam mais e mais até que a água ferva. Neste ponto, as moléculas escapam da superfície da água para o ar e a água evapora.

Podemos aquecer e resfriar o gelo ou água quantas vezes quisermos e as moléculas de água não se alteram individualmente – elas simplesmente se movimentam mais ou menos dependendo da temperatura e da fase (sólida, líquida ou gasosa).

Já fritar um ovo é diferente. Quando aquecemos um ovo, as proteínas contidas no ovo desnaturam. Isso significa que elas passam por mudanças químicas que alteram a forma das moléculas.

As moléculas de proteínas são longos filamentos que precisam ser dobrados na forma correta para realizarem sua função adequadamente. Eles são mantidos em suas posições por várias forças como as ligações de hidrogênio, por exemplo – ligações fracas entre hidrogênio e alguns outros átomos das moléculas. Quando a proteína é aquecida, as moléculas vibram ou se sacodem, quebrando as ligações de hidrogênio. Depois os filamentos das moléculas de proteína se desenrolam – a proteína perde sua forma essencial. À medida que a forma muda, as propriedades físicas da proteína também passam por mudança.

Quando esquentamos ovos, a quebra das ligações de hidrogênio faz com que o ovo branco se torne opaco e sólido. Uma vez que as ligações de hidrogênio tenham sido quebradas, não podem mais ser refeitas.

Tirar o açúcar do chá?

Algumas mudanças podem parecer irreversíveis, mas, na realidade, não o são. Quando dissolvemos açúcar em água, parece que temos uma nova substância (água adocicada), mas, na realidade, tudo o que fizemos foi espalhar as moléculas de açúcar entre as moléculas de água. Não foram quebradas ligações nem feitas ligações novas: o açúcar e a água estão apenas bem misturados por toda a solução. O açúcar, assim como o gelo, tem uma estrutura cristalina.

92 • CAPÍTULO 12

Tanto a água quanto as moléculas de açúcar são polares, têm carga elétrica desigual. Consequentemente, áreas das moléculas de açúcar são atraídas para áreas das moléculas de água, portanto, o açúcar se dissolve, perdendo sua estrutura cristalina no processo. (Se jogarmos açúcar em azeite de oliva, que não tem moléculas polares, o açúcar não irá se dissolver.) A água e o açúcar podem ser novamente separados de forma fácil já que as moléculas não foram reconfiguradas nem formaram novos compostos. Se a água for fervida ou simplesmente deixarmos a mistura evaporar lentamente, restará açúcar no estado sólido, recristalizando-se no fundo do recipiente.

Separar o chá da água é similar – podemos desaquecer a água (e condensá-la para obter água novamente), resultando numa borra de chá – você provavelmente já viu essa borra numa taça de chá depois de deixá-la de lado por algum tempo. É isso que resulta de um saquinho de chá ou de suas folhas, mas é bem difícil reconstituí-lo. Não é perfeito – óleos do chá terão sido perdidos ou alterados, e é por isso que chá instantâneo obtido pelo processo de liofilização não tem o mesmo sabor que chá fresco.

Voltando o relógio para trás

Como regra bastante geral, as mudanças químicas não podem ser revertidas, mas as mudanças físicas sim. Entretanto, não é uma afirmação inteiramente confiável que deva ser usada como guia para o dia a dia. Quando sua caneca preferida quebra, ocorre uma mudança física, mas não podemos recompô-la exatamente como antes. Em termos científicos, o processo é reversível pois podemos derreter o vidro e moldar a caneca novamente, mas, efetivamente, trata-se de uma nova caneca feita com o vidro antigo. Algumas mudanças químicas podem ser revertidas. De fato, a vida humana depende da reversibilidade de mudanças químicas. O oxigênio do ar que inalamos se combina com uma proteína do sangue chamada hemoglobina para formar um novo composto, a oxihemoglobina. O sangue transporta a oxihemoglobina pelo corpo e a entrega aos tecidos que precisam de oxigênio. Neste ponto, a oxihemoglobina se decompõe em hemoglobina e oxigênio novamente, e nenhum deles resulta em uma pior condição do que antes. A hemoglobina é transportada de volta para os pulmões, que retira sua próxima leva de oxigênio.

CAPÍTULO 13

É possível conversar com os animais?

Alguns animais conseguem imitar a fala humana, outros são capazes de compreender palavras-chave. Qual é, afinal, a natureza exata da comunicação entre seres humanos e animais?

Falar e não falar

Alguns animais produzem ruídos naturalmente, sem ter de aprendê-los; já outros aprendem sequências de sons por repetição. Os animais que produzem sons imediatamente após o nascimento ou desova seguem a programação genética e não estão aprendendo uma "linguagem". Eles piam, rosnam ou sibilam normalmente em resposta a "gatilhos" emocionais como medo, da

94 • CAPÍTULO 13

mesma forma que um pato nada automaticamente ao entrar na água sem ter sido ensinado a fazê-lo.

Os seres humanos estão entre os animais que aprendem novos sons e os acrescentam a seu vocabulário inato. Todos os bebês choram para transmitir suas necessidades, mas, pouco a pouco, eles aprendem a usar outros sons e começam a formar palavras. O uso da linguagem é uma característica particular dos humanos, mas pode ser também dos primatas. Entre os chimpanzés, a comunicação verbal envolve o uso de sons que eles conhecem de forma inata. A combinação de seus grunhidos, guinchos e pios não se desenvolve com o avançar da idade. Embora a voz de um chimpanzé adulto seja mais grave do que a de um jovem, as vocalizações são as mesmas. Até onde sabemos, o espectro de comunicação verbal deles é bastante limitado.

A capacidade de aprender uma língua ou estender o espectro de sons que nós e outros animais realizamos é relativamente raro. Animais que são capazes de fazer isso derivam de uma ampla gama de espécies distintas, sugerindo que essa característica evoluiu separadamente em diversas ocasiões. Aprender a vocalizar é uma característica que pode ser encontrada em três grupos de pássaros – papagaios, pássaros canoros e beija-flores – e cinco grupos de mamíferos – elefantes, focas, morcegos, cetáceos (baleias e golfinhos) e humanos.

Por que falamos?

A maneira como falamos é resultado de uma combinação de fatores: cordas vocais devidamente adaptadas, capacidade de controlar a respiração e o tipo de cérebro. Nosso cérebro é capaz de aprender e imitar novos sons e usar a linguagem com uma gramática consistente. Os animais que são bons na imitação da fala humana – especialmente os papagaios – têm a mesma capacidade mental de aprender novos sons.

Programados para cantar

Há muito tempo já se sabe que os mandarins aprendem a cantar imitando mandarins machos adultos. Se mandarins jovens forem criados em isolamento, impedidos de ouvirem os machos que são o modelo para seu canto, não aprendem a "falar mandarinês" – não produzem os cantos normais de sua espécie, em vez disso, eles produzem um som gutural e irregular.

Se esses pássaros isolados forem então criados até a idade adulta e lhes

É POSSÍVEL CONVERSAR COM OS ANIMAIS? • **95**

for permitido o acasalamento, eles ensinarão o mesmo canto estranho a sua cria. Após algumas gerações, a população isolada começa a produzir cantos mais próximos do normal. Na quinta geração, ele soa muito parecido com o canto produzido pelos mandarins selvagens. Isso sugere que uma combinação de aprendizado e genética atua para produzir comunicação entre aves canoras.

Obviamente, seria antiético tentar reproduzir esse experimento com crianças (veja o quadro "O experimento proibido"). Entretanto, há relatos bem documentados de gêmeos que desenvolveram uma linguagem particular (fenômeno chamado "criptofasia"). Isso é relativamente raro, mas quando gêmeos desenvolvem uma linguagem privada, ela tem sempre a mesma estrutura gramatical. Trata-se de uma estrutura muito simples que não inclui frases complexas ou com nuances. O comum é que se refiram apenas a situações imediatas, não fazendo distinção entre sujeito e objeto e sem palavras para denotar outras localizações no tempo ou no espaço – tudo se encontra no aqui e agora. É impossível dizer se a linguagem finalmente acabaria se tornando mais sofisticada, pois os gêmeos logo substituem a linguagem particular por uma que possam usar para se comunicar com outras pessoas. Crianças surdas criadas sem que lhes fossem ensinada a linguagem de sinais também desenvolvem sua própria linguagem de sinais, que também segue as regras gramaticais das linguagens de gêmeos.

Sentido nas sentenças

Sauás são pequenos primatas que vivem em florestas tropicais da América do Sul. Se estiverem inquietos ou com medo por causa da aproximação de um predador, eles dão sinais de alerta para avisar a outros de seu grupo familiar do perigo. Pesquisadores decifraram seus chamados em 2013, constataram que há uma estrutura consistente que transmite diferentes tipos de informação. Usando dois tipos de chamados em combinação, os sauás são capazes de indicar se a ameaça é uma ave de rapina (como uma águia) ou um predador terrestre como um macaco-prego de cara branca ou um gato-do-mato, e se ele está nas copas das árvores ou no solo.

Fale comigo

Uma coisa é distinguir as características que codificam significado nos sons que um animal produz, outra é mostrar que os outros animais compreendem

96 • CAPÍTULO 13

e respondem ao som. Muitos tipos de macacos e outros animais gritam ao encontrarem alimento. Testar a quantidade de informação a ser interpretada em tais alertas pelos outros que foram chamados, exige a realização de experimentos.

AGORA OU NUNCA

Parece haver um período oportuno para os seres humanos aprenderem uma primeira língua que permanece aberto durante a infância, mas acaba na época em que a criança começa a entrar na adolescência. Crianças selvagens e aquelas criadas em isolamento geralmente não são capazes de aprender completamente uma língua se não forem expostas à fala até por volta dos 13 anos. Isso talvez ocorra porque as partes do cérebro normalmente usadas para controlar a fala ainda não se desenvolveram ou tenham sido atribuídas a outras funções. As crianças anteriormente isoladas do convívio social e que depois foram colocadas e criadas em um ambiente social quando ainda bem pequenas geralmente conseguem aprender a falar uma língua com tanta competência quanto as criadas em um ambiente social desde o princípio.

O EXPERIMENTO PROIBIDO

O fascínio por saber como aprendemos uma língua vem de longa data e, no passado, as pessoas eram menos escrupulosas quanto ao modo de realização de seus estudos. O chamado "experimento proibido" envolvia criar uma criança sem que esta estivesse exposta à linguagem ou, algumas vezes, a qualquer companhia humana. Ele foi realizado várias vezes – provavelmente mais vezes do que aquelas registradas – embora sem o rigor que um experimento moderno exigiria.

Segundo dizem, o faraó egípcio Psammetichus I teria afastado do convívio social dois recém-nascidos para que fossem criados por pastores de cabras e amamentados por elas; o pastor de cabras e sua família foram proibidos de falar com as crianças em qualquer tipo de linguagem. O imperador do Sacro Império Romano-Germânico, Frederico II, mandou crianças serem criadas por babás que eram proibidas de falar com elas. Ambos os soberanos acreditavam que seus experimentos revelariam a primeira linguagem natural (no caso, a primeira língua humana). Frederico suspeitava que pudesse ser o hebraico, mas acabou se desapontando com o resultado.

Um grupo de pesquisadores trabalhou com bonobos (chimpanzés-pigmeus) no Twycross Zoo, Inglaterra, para investigar o nível de significado transmitido nos chamados de descoberta de comida. Os bonobos produzem cinco tipos de som ao encontrarem comida, dependendo do quanto eles gostam daquela comida. Os pesquisadores colocaram comida bem apreciada (kiwi) ou comida aceitável (maçã) no cercado de bonobos e gravaram os sons que emitiram ao encontrar cada uma delas. Depois de um tempo colocaram um segundo grupo de bonobos na mesma área (agora não mais ocupada pelos primeiros) e reproduziram as gravações para ver onde e com que entusiasmo o novo grupo de bonobos ia em busca de alimento. Ambos os grupos de bonobos estavam acostumados a encontrar kiwi em um dado local e as maçãs em outro.

Os bonobos geralmente preferem procurar primeiro o local onde há kiwis, mas esta preferência básica foi grandemente aumentada quando os cientistas reproduziram os sons de bonobos que haviam encontrado kiwis lá. Quando os pesquisadores reproduziram os sons gravados dos bonobos que haviam encontrado maçãs no local onde havia essa fruta, o segundo grupo mostrou interesse muito maior do que o normal em ir até o local de maçãs, ignorando o local dos kiwis. Os resultados demonstraram que pelo menos alguns bonobos do segundo grupo foram capazes de entender a informação transmitida pelas convocações do primeiro grupo.

Qual é o nome daquele golfinho?

Os golfinhos emitem estalidos e assobios característicos para se comunicarem uns com os outros. Uma equipe de pesquisadores da University of St Andrews, Escócia, acompanhou 200 golfinhos-nariz-de-garrafa no mar do Norte para escutar suas conversas. Eles descobriram que cada golfinho tinha uma assinatura sonora própria de estalidos e assobios que incluía informações sobre seu gênero, localização e condições de saúde. Um golfinho que quer se encontrar com um companheiro próximo já conhecido imita a assinatura sonora do outro golfinho e uma mãe que tenha perdido o filhote usa a assinatura sonora dele até encontrá-lo. A assinatura sonora é, de fato, um nome. Os golfinhos anunciam seus nomes ao se juntarem a um grupo, da mesma forma que os seres humanos se apresentam ao se encontrarem.

Quando os pesquisadores reproduziram as gravações das assinaturas sonoras, cada golfinho que ouvia seu próprio nome respondia repetindo o som dele – portanto, poderíamos recorrer à gravação de um golfinho, caso tivéssemos muitos deles. Os pesquisadores descobriram também que os golfinhos se aproximavam de um alto-falante que tocasse a assinatura sonora de um indivíduo já conhecido deles.

Cerca de metade de toda a linguagem dos golfinhos é formada por assinaturas sonoras, portanto, ainda há muito trabalho a ser feito para descobrir o que eles estão dizendo com a outra metade.

Falando e cantando

Os sons de aves canoras são bem diferentes da fala humana, mas os pesquisadores descobriram que os pássaros e os seres humanos usam o mesmo mecanismo cerebral controlado por 55 dos mesmos genes. A pesquisa consistiu no sequenciamento de genomas de 48 tipos de pássaros canoros e na análise de seus cérebros observando como aprendiam as canções. Assim como as crianças, os pequenos pássaros canoros primeiramente balbuciam e gaguejam como se estivessem aprendendo a "falar". Mais uma vez, assim como os seres humanos, as aves canoras podem ser bilíngues. Os cientistas esperam que ao estudarem as aves canoras aprendam mais a respeito de como os seres humanos desenvolvem a fala e, quem sabe, possam tratar melhor dos distúrbios da fala.

Além das aves canoras, os papagaios e os beija-flores são capazes de aprender novos sons. Algumas vezes empregam sua habilidade para imitar a voz humana. Há vários exemplos de papagaios e mainás que aparentemente usam a linguagem humana – mas quanto (se é que alguma coisa) eles entendem daquilo que "dizem"?

Quem falou primeiro?

Os pássaros estão na Terra há muito mais tempo do que o homem. Eles apareceram pela primeira vez por volta de 150 milhões de anos atrás e se diversificaram muito por volta de 55 milhões de anos atrás, ao passo que a primeira espécie de humanos surgiu apenas por volta de 2 milhões de anos atrás. Nem sequer sabemos se os primeiros humanos usavam uma linguagem.

Embora os mesmos genes estejam envolvidos, isso não significa que os humanos e os pássaros canoros se originaram do mesmo ancestral evolutivo. O último ancestral comum entre pássaros e humanos viveu há cerca de 310 milhões de anos. É mais provável que se trate de um exemplo de evolução convergente – a mesma solução apareceu de forma independente em organismos não relacionados.

NÃO APENAS A LINGUAGEM

As habilidades imitativas dos pássaros não se limitam apenas a reproduzir a linguagem humana. Os papagaios podem aprender a assobiar e imitar o latido de um cão que lhes seja familiar. Alguns pássaros canoros, como os estorninhos, também reproduzem ruídos produzidos por objetos inanimados como telefones, alarmes de carros e motosserras.

Palavras e sinais

A linguagem não precisa ser necessariamente a fala ou som de algum tipo. Pessoas que não conseguem falar podem usar uma língua de sinais, algo que crianças que ainda não conseguem vocalizar também podem aprender. Pesquisas com primatas constataram que se pode ensinar alguns deles a usar uma língua de sinais muito embora as cordas vocais e o cérebro desses animais aparentemente tornem impossível que aprendam uma linguagem falada, porque suas cordas vocais não se fecham completamente e eles não têm a musculatura necessária para controlar a língua e abaixar a mandíbula suficientemente para falar. Entretanto, conseguem usar teclados de computador e sinais para se comunicar.

O ensino de língua de sinais a chimpanzés, bonobos, orangotangos e gorilas foi bem-sucedido. Um chimpanzé até pode, espontaneamente, ensinar alguns sinais a outros chimpanzés. Há poucas evidências de que esses primatas aprenderam uma língua com uma gramática consistente; parece, ao contrário, que usam sinais como símbolos desconexos. Mas tem havido alguns resultados promissores em chimpanzés que usam a American Sign Language, ASL (Língua Americana de Sinais).

O chimpazé-fêmea Washoe foi criada por um casal de zoólogos, Allen e Beatrix Gardner, em um ambiente o mais parecido possível àquele em que uma criança é criada. Foram ensinados a ela cerca de 350 gestos da ASL e até a combiná-los para criar novos termos, como "taça metálica para beber" para expressar garrafa térmica, e "ave aquática" para cisne. Quando uma das cuidadoras de Washoe, que esteve grávida, sinalizou a Washoe de que recentemente ela havia tido um aborto espontâneo, Washoe sinalizou de volta que havia entendido deslocando um dedo de cima para baixo no sentido de sua bochecha – sinal da ASL para "choro". Os chimpanzés não derramam lágrimas, mas a própria Washoe havia perdido dois bebês e parece ter registrado a dor disso em sua empática resposta.

Falando com animais

Muitas pessoas acreditam que seus bichos de estimação as entendem e podem comunicar o que desejam. Um cachorro trazendo sua coleira para pedir para passear ou um gato que se posiciona ao lado da tigela de comida certamente está se comunicando – mas não está usando uma língua. A língua tem uma estrutura gramatical e palavras (ou gestos) com diferentes categorias relacionadas a seus significados – substantivos, verbos e adjetivos, por exemplo. Um cão que responde à ordem "Sente-se!" não conhece o significado da palavra; ele simplesmente sabe que será recompensado com aprovação (e, quem sabe, algum agrado) se ele se sentar ao ouvir aquele som. Trata-se de condicionamento e não compreensão.

Da mesma forma, um tutor pode associar um som específico ou um gesto de seu animal de estimação a algo que ele queira. Mas o tutor não sabe o que aquele som "significa" em termos de "palavra"; ele apenas sabe que o animal quer alimento ou ir passear. Isso não é uma língua – o som poderia significar "por favor, me dê minha ração" ou "estou com fome", sentenças completamente diferentes, mas que suscitam a mesma ação do tutor do bicho de estimação. Não estamos "falando cachorrês" ao reconhecer que quando um cão traz a coleira, ele quer dar um passeio.

Entretanto, alguns animais podem, aparentemente, aprender o suficiente da linguagem humana para entender ordens bastante complexas, muito embora não consigam responder em palavras.

KOKO

Koko é um gorila-fêmea que viveu 40 anos, desde a idade de seis meses, em meio a humanos em uma estação de pesquisa na Califórnia. Durante esse período, ela aprendeu a se comunicar com humanos usando a Língua Americana de Sinais. Uma pesquisa publicada em 2015 revelou que sequências gravadas em vídeo de Koko também mostram que ela aprendeu a controlar aspectos de sua respiração e vocalização que os gorilas normalmente não usam em seu hábitat natural. Entre esses aspectos temos tossir, assoar o nariz e mostrar a língua. Os resultados sugerem que dados os estímulos ambientais corretos, alguns primatas têm maior controle das partes do corpo necessárias para a fala do que se pensava anteriormente. Isso não significa necessariamente que poderíamos lhes ensinar a falar – se qualquer gorila fosse capaz de aprender a falar, Koko provavelmente já o teria feito.

Kanzi, um bonobo de 33 anos de idade, reconhece um monte de palavras em inglês. Ele é capaz de responder corretamente até a ordens que não são combinações típicas de palavras que já tenha ouvido. Em certa ocasião ele carregou um forno de micro-ondas para fora quando lhe foi solicitado isso – algo que não havia feito antes.

Kanzi inicialmente aprendeu ouvindo aulas que os pesquisadores estavam dando à sua mãe. Ele começou a usar um sistema que lhe permitia juntar sentenças rudimentares usando um teclado com símbolos (lexigramas) que representam palavras. O computador pronunciava então as sequências. O sistema linguístico usado é chamado "Yerkish". Trata-se de uma linguagem artificial de sintaxe própria, elaborada especificamente para comunicação com outros primatas. Quando lhe foi pedido para identificar objetos em um teste com 180 perguntas, Kanzi respondeu corretamente 93% delas; ele respondeu a perguntas complexas com 74% de precisão. Ao pedirem que ele "fizesse com que o cachorro mordesse a cobra", Kanzi procurou um conjunto de objetos e escolheu um cachorro e uma cobra de brinquedo, depois usou o polegar e o indicador para fechar a boca do cachorro em torno da cobra, demonstrando claro entendimento da solicitação.

Os pássaros não são tolos

Embora os primatas não consigam vocalizar a voz humana, alguns pássaros conseguem fazê-lo. O papagaio é o exemplo mais conhecido, não apenas por ser capaz de repetir palavras e frases, mas por demonstrar algum entendimento de seu significado. O mais famoso dos papagaios falantes foi Alex, um papagaio-cinzento treinado pela Dra. Irene Pepperberg, na Universidade do Arizona. Alex era capaz de responder a perguntas e dizer algumas frases espontaneamente. As interpretações dos cientistas dessa capacidade intelectual e habilidade na comunicação eram variáveis; alguns achavam que ele não havia aprendido o bastante e que suas respostas se deviam a condicionamento. Contudo, a característica a ser destacada desse papagaio foi a de ser o único animal que se saiba que respondeu a uma pergunta.  Quando aprendia as cores, ele perguntou: "De que cor eu sou?" Pepperberg repetiu "cinza" seis vezes e Alex disse então: "Sou cinza". Essa capacidade de fazer uma pergunta em vez de simplesmente responder ou atender a uma ordem representa um modo muito diferente de comunicação. Infelizmente, Alex morreu em uma idade relativamente jovem e Pepperberg teve de iniciar seu programa novamente, com um novo papagaio.

CONDICIONAMENTO OPERANTE

Um animal pode ser treinado a mudar de comportamento ao ser ensinado a responder a um estímulo – uma punição ou uma recompensa. Isso é chamado condicionamento operante. O primeiro trabalho sobre condicionamento operante foi realizado em gatos por Edward Thorndike no final do século XIX. Ele constatou que os gatos aprendiam a repetir um dado comportamento que resultasse em recompensa. Trabalhos posteriores mostraram que os animais aprendem a evitar comportamento que lhes cause punição. A maior parte da comunicação com os bichos de estimação é por meio de condicionamento operante.

CAPÍTULO 14

O que está acontecendo com o clima?

*Goste ou não, acredite ou não, o clima está mudando.
Mas não há nada de novo nisso – ele sempre esteve mudando.*

Retrocedendo a tempos remotos

É muito mais fácil dizer como o tempo se comportou no passado do que prever como será no futuro. Mas olhar para o passado é uma boa preparação para olhar para frente, já que a previsão do tempo se fundamenta na compreensão das condições que produziram certos resultados no passado para tentar fazer a correspondência das condições atuais a um conjunto de condições passadas.

O que sabemos?

Nossos registros do tempo somente remontam a algumas centenas de anos. Em algumas partes do mundo há registros detalhados e confiáveis recuando apenas algumas centenas de anos, quando os primeiros institutos meteorológicos começaram a coletar dados diariamente. Antes disso, os únicos registros eram observações amadoras e relatos em diários, cartas e crônicas – especialmente aqueles que descreviam eventos climáticos extremos ou pouco usuais. O registro meteorológico contínuo com maior tempo de cobertura do mundo é a série *Central England Temperature*, que cobriu uma área da Inglaterra que se estende das Midlands ao sul até Lancashire, iniciado em 1659.

Obviamente, não é possível medir e registrar temperaturas a menos que se use um termômetro com uma escala consistente. O primeiro passo nesse sentido foi o "termoscópio" – precursor do termômetro moderno – desenvolvido pelo cientista italiano Santorio Santorio, em 1612. Ele usou o aparelho para medir a temperatura de pacientes. Tratava-se de um tubo de vidro simples, parcialmente preenchido com água. Como todos os termômetros não eletrônicos, ele operava segundo o princípio de que mudanças na temperatura fariam com que o ar ou líquido em um tubo se expandisse ou contraísse, fazendo com que o líquido no tubo subisse ou descesse. Era apenas um indicador grosseiro da temperatura, já que não usava nenhuma escala.

O primeiro termômetro com uma escala de temperatura apropriada foi desenvolvido por volta de 1650 por Olaus Roemer, astrônomo dinamarquês. Ele usava vinho como líquido, estabeleceu o ponto de ebulição da água em 60 e o ponto de fusão do gelo em 7,5. É difícil imaginar por que ele teria

---

CLIMA E TEMPO

O tempo (tempo atmosférico) está relacionado a condições de curto prazo: Está chovendo? Temos neblina agora? Está ventando? O clima está relacionado a padrões de longo prazo no tempo: a temperatura média desta década é maior do que há 50 anos? A pluviosidade média mudou ao longo dos últimos três séculos?

Eventos meteorológicos isolados não indicam mudança climática, mas uma mudança no padrão de eventos meteorológicos indica. Portanto, inundações esporádicas a cada século não são significativas. Mas se essas inundações "que ocorrem uma vez a cada século" acontecerem em seis anos de cada dez, é um dado provavelmente significativo.

escolhido uma escala incomum como essa. Daniel Fahrenheit aperfeiçoou o projeto usando mercúrio em vez de vinho ou água, e estabeleceu em 0 grau o ponto de congelamento da água salgada. Em sua escala, 32 graus indicavam o ponto de congelamento da água pura e 212 graus o ponto de ebulição.

Um sistema mais prático – especialmente para estudos científicos – foi criado pelo físico sueco Anders Celsius. Ele divide o intervalo de temperaturas entre o ponto de congelamento e o ponto de ebulição da água em 100 graus; porém, Celsius estabeleceu 0 grau como ponto de ebulição e 100 graus como ponto de congelamento! Foi preciso a intervenção do botânico Carl Linnaeus para invertê-los, produzindo a escala usada comumente hoje em dia.

Precipitações e neve são mais fáceis de medir do que a temperatura. Mesmo antes dos termômetros, há registros frequentes de tempo frio ou quente fora do comum, secas, inundações, fortes rajadas de vento e assim por diante. O Gaelic Irish Annals é uma das crônicas mais antigas da Europa e registra eventos como um período de frio extremo no ano 700 e vendavais em 892 que derrubaram árvores e construções.

Registros da natureza

Além dos registros feitos pelo ser humano, podemos identificar condições meteorológicas gerais para um dado ano observando os anéis de troncos de árvores. Um corte transversal no tronco de uma árvore revela seu padrão de crescimento na forma de anéis claros e escuros marcando padrões de crescimento no outono/inverno e na primavera/verão. Cada anel representa um ano de vida da árvore. A largura dos anéis é uma pista para as condições de crescimento de um dado ano. Uma seca extrema, por exemplo, produz anéis mais estreitos porque a árvore não é capaz de crescer tanto como normalmente aconteceria em condições favoráveis. Nas árvores fossilizadas também se encontram esse registro de anéis de crescimento das árvores, e elas são um guia para as condições meteorológicas passadas. Estudos dessas árvores fossilizadas retrocedem no tempo a até cerca de 9.000 anos em algumas partes do mundo (principalmente Europa e América do Norte).

Podemos retroceder ainda mais pelo estudo de bancos de corais e tarolos de gelo. Os corais, assim como as árvores, crescem em faixas anuais. A leitura do registro pode ser um pouco mais difícil já que a largura da faixa é afetada pela claridade da água, pela disponibilidade de nutrientes e pelo clima.

106 • CAPÍTULO 14

Em busca de evidências ainda mais longínquas, os cientistas coletam amostras do gelo antártico (veja foto), que também revela padrões anuais que refletem condições climáticas, poluição e níveis de gases na atmosfera. O registro reconstruído a partir de evidências obtidas de tarolos de gelo retrocede a 800.000 anos – períodos bastante longos que nos permitem comparar temperaturas e níveis de dióxido de carbono com níveis pré-industriais, além de níveis de praticamente antes da existência humana.

Não conseguimos recuar além dos 800.000 anos mantendo o mesmo grau de precisão, porém, paleoclimatologistas (cientistas que investigam o clima na Pré-História) mapearam ciclos de clima quente e frio com duração de milhares de anos. O clima se altera ao longo de períodos extremamente longos devido às mudanças da órbita terrestre e na composição da atmosfera e do próprio Sol.

De maior interesse para a humanidade tem sido a temperatura ao longo dos últimos 500 milhões de anos aproximadamente, desde a evolução da vida na Terra. Durante essa época, ocorreram eras glaciais e períodos de calor.

Era glacial

Houve pelo menos cinco grandes eras glaciais. A primeira durou 300 milhões de anos e ocorreu entre 2.400 e 2.100 milhões de anos. A segunda foi de 850 a 630 milhões de anos atrás, tendo sido a mais severa, o gelo se estendeu até a linha do Equador. Esse fenômeno foi chamado de "Terra Bola de Neve" para descrever como seria o aspecto do planeta naquela época, já que é possível que praticamente todo o planeta tenha sido coberto pelo gelo. Quando finalmente o gelo derreteu, depois de aproximadamente 200 milhões de anos, a Terra se tornou bem quente. Aproximadamente naquela época, a vida pareceu proliferar repentinamente, com o surgimento de vários novos

O QUE ESTÁ ACONTECENDO COM O CLIMA? • **107**

animais e plantas multicelulares complexos. Os organismos deixaram o mar para habitar a terra e proliferaram rapidamente. A temperatura ficou cerca de 15 °C mais alta do que atualmente.

Depois das duas eras glaciais seguintes, uma delas há 460-420 milhões de anos e a outra há 360-260 milhões de anos, surgiram os dinossauros. O mundo deles era muito mais quente do que o nosso. No início do reino de 165 milhões de anos dos dinossauros, a temperatura era cerca de 10 graus mais quente do que agora; embora tenha despencado para apenas poucos graus mais quente, ela voltou a subir e ficou em 6 graus mais quente do que agora na época do desaparecimento dos dinossauros.

Ao longo dos últimos 65 milhões de anos, após uma alta inicial ocorrida 50 milhões de anos atrás, a temperatura caiu gradualmente, até cerca de três milhões de anos atrás, quando passou a ser aproximadamente a mesma de hoje. Mas isso foi apenas o início da era glacial seguinte – a que ainda estamos atravessando. Se não parece frio o suficiente para ser uma era glacial, é porque nos encontramos em um período quente dentro dela. Além disso, não chegamos a conhecer algo diferente, portanto, não temos meio de comparação. Se estivéssemos aqui quando a temperatura era 14 °C mais quente, rapidamente notaríamos a diferença na temperatura atual.

A era glacial atual começou há 2,58 milhões de anos. Ela é caracterizada por períodos de calor (como agora) e de glaciação (frio), segundo um padrão cíclico. No início da era glacial, a temperatura mudava a cada 40.000 anos, mas agora isso ocorre apenas a cada 100.000 anos. O último período glacial terminou cerca de 10.000 anos atrás, sugerindo que deve permanecer razoavelmente quente por um tempo – e apenas se tornará realmente frio novamente daqui a dezenas de milhares de anos. O final do último período glacial marcou o momento em que os humanos começaram a ficar sedentários e a cultivar a terra em vez de perambular e dedicar-se à caça e à coleta. Somos uma civilização de um período quente.

DEFINIÇÃO DE ERA GLACIAL

Os meteorologistas definem era glacial como um período durante o qual há pelo menos uma grande e contínua massa de gelo. No momento, elas se encontram tanto no Polo Norte quanto no Polo Sul, mas a do Polo Norte corre perigo de derreter completamente durante os meses de verão. Ainda teremos uma massa de gelo, a Antártida; portanto, a era glacial continuará – mas por quanto tempo mais?

Ficando mais quente

O padrão de mudança de temperatura durante os últimos 400.000 anos sugere uma rápida elevação passando de um período frio para um período quente, e depois um gradual e bastante espasmódico declínio, retornando para o frio. É possível também que o atual período quente seja atípico ao permanecer relativamente quente o tempo todo. O período quente anterior parece ter sido caracterizado por ondas de frio extremo que duraram algumas centenas de anos cada. Onde estaríamos hoje em dia se, digamos, todo o período do Império Romano ou dos antigos imperadores chineses tivesse sido de frio extremo? Estaríamos de volta onde estávamos em 1600? Ou talvez nem tivéssemos sobrevivido? Ou a população humana teria declinado para os níveis de 70.000 anos atrás, com a maioria de nós concentrada próximo ao Equador em busca de calor? Talvez tenhamos uma sorte incomum com o tempo que vivenciamos até então.

> "À medida que o aquecimento global se aproxima e ultrapassa dois graus Celsius, há o risco de dispararmos elementos críticos de vulnerabilidade climática não lineares. Alguns exemplos são a desintegração da massa de gelo da Antártida ocidental, provocando elevação mais rápida do nível dos oceanos ou o desaparecimento em larga escala da Amazônia afetando drasticamente ecossistemas, rios, agricultura, produção de energia e meios de subsistência. Tudo isso se somaria ao aquecimento global do século XXI e impactaria continentes inteiros."
>
> Banco Mundial, 2012

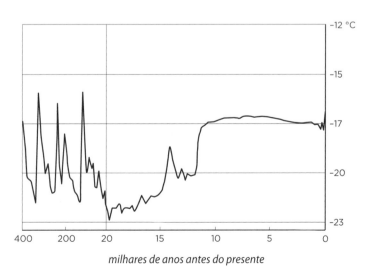

milhares de anos antes do presente

O gráfico mostra a mudança na temperatura média global ao longo dos últimos 400.000 anos, e os últimos 20.000 anos estão mais detalhados.

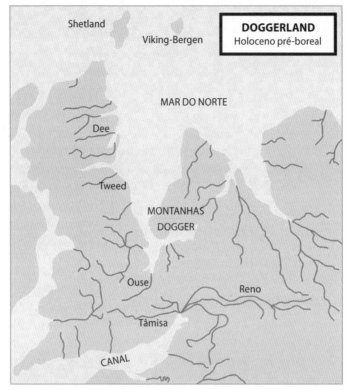

O mapa mostra a hipotética extensão de Doggerland, que seria uma ponte natural de terra entre a Grã-Bretanha e o restante da Europa cerca de 12.000 anos atrás.

    Portanto, o clima deve permanecer quente por outros 50.000 anos e ficar ainda mais quente antes de se tornar mais frio. Independentemente de a mudança climática ser provocada pelo comportamento humano ou não, certamente ela está acontecendo. Seguindo sua trajetória normal, podemos esperar que a temperatura média vá subir – e não está nem de longe próxima do seu ponto máximo usual para um período (quente) interglacial. Podemos esperar que ela fique cerca de 5 graus mais alta do que no presente. Com o aquecimento induzido pelo homem, ela pode aumentar muito mais e bem mais rapidamente.

Mais ou menos terra

À medida que o clima aquece e o gelo derrete, o nível dos oceanos aumenta. Quando a Terra se encontrava mais fria, o nível dos oceanos era 120 m mais

110 • CAPÍTULO 14

baixos do que agora. Uma grande quantidade de água está encerrada no gelo. Extensões de terra inteiras agora debaixo d'água são reveladas nesses estágios. Durante o último período glacial, o homem podia caminhar entre a Britânia e a Europa continental por uma grande extensão de terra chamada Doggerland, hoje submersa debaixo do Mar do Norte (seu nome é preservado e familiar aos marinheiros, "Dogger" – área citada nos boletins meteorológicos para navegantes do Reino Unido).

Mesmo uma elevação relativamente pequena de poucos metros será suficiente para inundar ilhas baixas; cidades como Veneza, Nova Iorque e Hong Kong estão sob ameaça de inundação. O aumento no nível dos oceanos certamente ocorrerá – a única questão é se virá daqui a 100 ou 15.000 anos e, consequentemente, se teremos tempo de nos preparar para isso.

E o tempo?

O clima quente ocasiona padrões climáticos diversos, eventos climáticos extremos e diferentes padrões de vento e correntes marítimas. Em muitas áreas do mundo já se observam mudanças desse tipo. Em alguns lugares os verões são mais quentes ou as tempestades estão mais severas e mais frequentes, além dos ventos estarem mais úmidos.

O clima é um sistema extremamente complexo, afetado não apenas pela temperatura da terra, do ar e dos oceanos, também por correntes marítimas, atividade solar, padrões de vento e muitos outros fatores. A mudança no uso das terras – que antes eram florestas e atualmente são campos agrícolas abertos ou cidades – também afeta o tempo, altera o comportamento dos ventos e das nuvens e a evaporação da água de superfície.

Tudo isso contribui para o complexo intercâmbio de fatores que determinam o tempo.

O sistema climático é caótico. Isso não significa que não haja nenhum ordenamento nele, mas que o ordenamento é extremamente complicado e às vezes uma minúscula mudança em uma dada condição pode ter um efeito dominó considerável. Consequentemente, a previsão do tempo é notoriamente difícil e não confiável, mesmo em um clima relativamente estável e de períodos curtos. Prever o tempo de períodos mais longos é bem problemático.

O QUE ESTÁ ACONTECENDO COM O CLIMA? • 111

O furacão Irma causou destruição disseminada no Caribe e em Florida Keys em setembro de 2017.

Tudo muda?

Ao longo da história do planeta Terra, plantas e animais tiveram de se adaptar a mudanças no meio ambiente. As espécies que se adaptam mais rapidamente e com maior sucesso tendem a sobreviver; aquelas que não se adaptam, normalmente são extintas.

O mundo da natureza não faz distinção alguma entre mudanças no meio ambiente provocadas pela ação humana ou aquelas decorrentes de eventos naturais. Alguns tipos de animais já evoluíram em resposta a pressões originadas do comportamento humano (leia o capítulo "Seriam os seres humanos o ápice da evolução?"). Tais mudanças vêm ocorrendo rapidamente ao longo das últimas décadas. Algumas plantas e animais serão bem-sucedidos na adaptação a um clima em mudança, pelo menos no curto prazo. Se as temperaturas retornarem a níveis vistos em um passado bem distante, é provável que o mundo natural seja bem diferente no futuro. Muitas espécies vivas hoje em dia talvez consigam lidar bem com uma elevação na temperatura de alguns graus, porém, outras perecerão e novas surgirão.

Isso não nos diz respeito

Sejam quais forem as perspectivas para a humanidade, o planeta e a vida em geral têm sobrevivido e se adaptado a muitas variações climáticas. Se o clima mudar demais, a espécie humana talvez não sobreviva, mas alguma forma de vida resistirá. E quanto ao tempo? Ele irá acompanhar o clima, mas como será no mês que vem ou no próximo ano, ainda está muito mais para palpite do que qualquer outra coisa.

EXISTÊNCIA AMEAÇADA

Os ursos-polares dependem do gelo do mar e de uma dieta de focas para sobreviver. À medida que as águas dos oceanos se tornam mais quentes, o gelo no mar derrete dificultando a caça para os ursos-polares. Focas que vivem em águas muito geladas estão sendo empurradas mais para o norte em busca de águas mais frias e fora do alcance dos ursos-polares. Talvez os ursos-polares sejam capazes de se adaptar a comer outros tipos de alimentos, e/ou mudarem o comportamento para caçarem principalmente em terra do que no gelo.

Alguns ursos-polares estão se deslocando para o sul, e não para o norte, e já cruzaram com ursos-cinzentos dos quais são parentes próximos. Essa mudança ainda levará à extinção dos ursos-polares, porém será uma lenta modificação de uma espécie para outra, e não por morrerem de fome. É dessa maneira que as espécies se modificam e evoluem. Ninguém é capaz de afirmar se os ursos-polares serão vítimas da mudança climática ou irão se adaptar a um mundo mais quente.

Temperaturas em elevação fazem o gelo do Ártico derreter, ameaçando o hábitat natural dos ursos-polares e reduzindo suas áreas para caça.

CAPÍTULO 15

Será o fim dos antibióticos?

Circulam histórias na mídia sobre superbactérias resistentes aos antibióticos. O que deu errado na medicina moderna?

Tempos terríveis do passado

Até o século XX, não existiam antibióticos. Algumas vezes as pessoas se automedicam usando substâncias conhecidas há séculos porque têm efeito antibacteriano, mas nada se compara aos poderosos antibióticos disponíveis hoje em dia. Embora o corpo humano tenha um sistema imunológico que nos protege contra infecções, muitas doenças se desenvolveram para frustrar os mecanismos de defesa do corpo. Quando isso acontece, o sistema imunológico pode ser catastroficamente superado. No passado, as pessoas morriam de doenças bacterianas e devido a feridas infectadas que podem atualmente ser facilmente tratadas com antibióticos modernos.

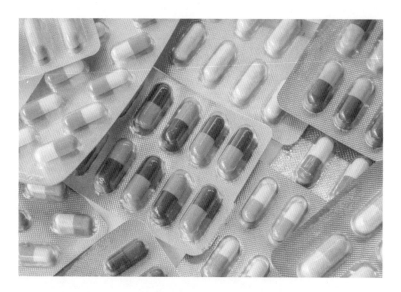

Medicamentos maravilhosos

O primeiro antibiótico moderno foi a penicilina, descoberta por Alexander Fleming em 1928. Ele a descobriu por acaso, quando saiu de férias e deixou sem lavar uma pilha de placas de Petri onde estava cultivando culturas de bactérias. Ao retornar, verificou que algo havia eliminado as bactérias das placas de cultura em alguns pontos. Investigações revelaram que um tipo de mofo, *Penicillium notatum*, havia produzido um agente químico tóxico para a bactéria *Staphylococcus* que ele estava cultivando. Em 1941, dois farmacologistas, o  australiano Howard Florey (1898-1968) e o alemão Ernst Chain (1906-1979), transformaram o extrato *Penicillium* de Fleming em um útil remédio que nós conhecemos por penicilina. Seu uso durante a Segunda Guerra Mundial salvou a vida de muitos soldados que, de outra forma, estariam fadados à morte devido a feridas infectadas. Fleming, Florey e Chain receberam o Prêmio Nobel de Medicina pelo trabalho que se estima ter salvo 82 milhões de vidas até hoje.

Depois da penicilina vieram outros antibióticos. Cada um deles combate apenas um determinado espectro de infecções provocadas por bactérias específicas; portanto, a busca por novos antibióticos continua. Eles pareciam ser um medicamento maravilhoso, porque muitas infecções que eram fatais anteriormente poderiam ser tratadas. Os antibióticos nos são tão familiares hoje em dia que parece surpreendente que tenham se tornado conhecidos apenas na metade do século passado. Ainda há muitas pessoas vivas hoje que se lembram da época anterior aos antibióticos.

MUSGO E MEL

O mel e alguns tipos de musgo têm propriedades antibacterianas e foram usados para fazer curativo em feridas por milhares de anos. O mel funciona porque ele veda a ferida, matando bactérias que precisam de ar para viver e seu elevado conteúdo de açúcar faz com que as células das bactérias murchem. Alguns musgos contêm um poderoso antibacteriano natural. Soldados que usaram o esfagno para curar ferimentos, mesmo recentemente como na Primeira Guerra Mundial, o acharam muito absorvente, e ele impedia que o ferimento infeccionasse.

Bom demais?

Os antibióticos pareciam bons demais para ser verdade – e, quem sabe, eles fossem. O *Staphylococcus,* a bactéria que Fleming vinha cultivando, depois de algum tempo passou a não responder mais à penicilina. As bactérias evoluem rapidamente. Elas têm um ciclo de vida tão pequeno que pode haver várias gerações em um breve período, reduzindo o tempo para surgir mutações genéticas úteis que irão ajudá-las a superar as dificuldades ou mudanças em seu meio ambiente. Elas também são capazes de fazer intercâmbio de mutações genéticas benéficas com outras bactérias. Portanto, qualquer mutação que permita a uma bactéria resistir a um antibiótico irá rapidamente se disseminar para outras bactérias.

No caso da bactéria *Staphylococcus*, a dificuldade a ser enfrentada era a penicilina. Quando a *Staphylococcus aureus* se tornou imune à penicilina, deveria servir de alerta para a Medicina – mas não foi dada a devida atenção ao alerta. O uso de antibióticos aumentou de forma astronômica. Eles servem para tratar infecções não apenas em humanos, mas são dados rotineiramente a animais de criação. Quando os pecuaristas perceberam que os lucros aumentavam caso dessem antibióticos ao gado, começaram a fazer isso em escala maciça, não importando se os animais estivessem doentes ou não.

As pessoas também passaram a tomar antibióticos indiscriminadamente. Elas se acostumaram com a ideia de que os antibióticos eram uma panaceia (que serve para curar todos os males) e pediam aos médicos, e eles prontamente os receitavam – mesmo para infecções virais contra as quais são completamente ineficazes. Quando os pacientes deixam de completar o período de prescrição para os antibióticos; quando os tomam desnecessariamente; ou quando os ingerem em pequenas doses, sem saber, junto com carne ou leite, as bactérias que são alvo do medicamento têm a chance de criar resistência a ele. A exposição a doses de antibiótico menores e não letais possibilitaram às bactérias criar defesas. Um número cada vez maior de bactérias tornou-se resistente aos antibióticos mais comumente usados para combatê-las.

As bactérias contra-atacam

O aumento das chamadas superbactérias, como a MRSA, começou na década de 1990. MRSA significa *methicillin-resistant Staphylococcus aureus*, ou seja, *Staphylococcus aureus* resistente à metilcilina – trata-se de uma cepa da bactéria

116 • CAPÍTULO 15

que Fleming havia cultivado. A metilcilina era o antibiótico usado como último recurso para tratar bactérias resistentes a todos os demais antibióticos. Portanto, quando surgiu uma cepa resistente à metilcilina, tornou-se um grande problema para os médicos. O aumento do nível de higienização em hospitais tem percorrido um longo caminho no combate às infecções e, provavelmente, essa limpeza será, novamente, mais importante na nossa vida diária. Se não somos capazes de combater uma infecção depois que tenha se instalado, é melhor, em primeiro lugar, não deixar que ela se inicie.

Uma batalha perdida

Há poucos antibióticos usados como último recurso no tratamento de superbactérias resistentes aos antibióticos mais rotineiros. Porém agora até alguns deles têm se tornado ineficazes e muitos pesquisadores da área médica acreditam que estamos vendo o fim da era dos antibióticos. Em 2009, cientistas descobriram uma enzima chamada NDM 1 que torna as bactérias resistentes a toda uma classe de antibióticos usados como último recurso. O gene que codifica essa enzima pode ser repassado facilmente entre diferentes espécies de bactérias e, dessa forma, compartilhar essa característica de resistência por aí. Ela já está bem disseminada na Índia e tem se espalhado para outros países, levada por viajantes, em particular, turistas "da saúde" – aqueles que viajam especificamente para tratamento médico. A gonorreia, doença sexualmente transmissível, já não é mais tratável em algumas regiões onde uma cepa resistente a antibióticos esteja circulando. A tuberculose resistente a drogas também está aumentando, especialmente na Rússia.

As bactérias resistentes a antibióticos fazem parte de um problema maior: a resistência crescente dos micróbios a vários medicamentos antimicrobianos. Entre eles estão drogas usadas no tratamento de infecções fúngicas, doenças parasitárias transmitidas por um vetor como a malária e infecções virais, inclusive o HIV.

O que nos espera?

O mundo não tem realmente um plano para a Medicina na era pós-antimicrobiana. Buscar outros antibióticos talvez nos dê alívio momentâneo, mas logo as bactérias se tornarão resistentes também. Uma possibilidade é tratar as bactérias com seu próprio veneno e fazer com que adoeçam.

EMPANTURRANDO-SE DE ANTIBIÓTICOS

Nos Estados Unidos, 80% dos antibióticos vendidos são dados ao gado. Dar antibióticos a animais significa que seus criadores podem mantê-los em condições não saudáveis e amontoados sem se preocupar com o fato de que os animais podem ficar doentes e espalhar doença entre eles. É uma prática para os criadores economizarem dinheiro – mas pode ser muito custoso para o resto de nós, se significar um número cada vez maior de antibióticos que se tornarão ineficazes no tratamento de doenças em humanos.

As bactérias podem sofrer infecções da mesma forma que qualquer outro organismo. Elas podem ser infectadas por um tipo de vírus chamado macrófago ou "bacteriófago" (ou simplesmente fago). Como outros vírus, os fagos penetram em uma célula, multiplicam-se e depois irrompem, destruindo a célula e se espalhando por outras células. Talvez seja possível tratar algumas infecções bacterianas atacando as bactérias com fagos especialmente escolhidos. Outra possibilidade é usar lisina, um tipo de enzima que os fagos produzem para superarem a parede celular quando estiverem prontos para escapar. As lisinas aplicadas fora da célula também parecem destruí-la. É importante, porém, ter certeza de atacar apenas as bactérias nocivas e que células que formam partes do corpo ou bactérias benéficas sejam mantidas intactas.

Esses tratamentos estão longe de se tornarem uma opção usual. Entretanto, nós precisamos usar antibióticos de forma consciente e cuidadosa para torná-los úteis pelo maior tempo possível. É necessário que haja tempo para que as pesquisas encontrem a próxima cura miraculosa, antes que esgotemos completamente a última à disposição atualmente.

CAPÍTULO 16

As células-tronco são o futuro da Medicina?

Tem se especulado muito se as células-tronco podem ou não ajudar no tratamento de muitas doenças. Porém, o que é verdade e o que não é?

O que são as células-tronco?

As células-tronco ganharam este nome pelo fato de outros tipos de células se originarem delas – elas têm potencial para se transformar em células de diferentes tipos. As células que compõem o embrião em fase bem inicial são denominadas PSCs (*pluripotent stem cells*, células-tronco pluripotentes) e podem se transformar em qualquer tipo de célula. Em uma fase mais avançada do desenvolvimento do embrião, a variedade de células nas quais as células-tronco podem se transformar se tornam mais limitadas.

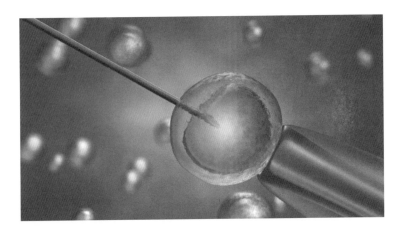

AS CÉLULAS-TRONCO SÃO O FUTURO DA MEDICINA? • **119**

Após nascermos ainda temos células-tronco, porém, elas são bem diferentes e com menos potencial. Por exemplo, numa camada bem profunda de pele existem células-tronco que podem se transformar em diferentes tipos de células epidérmicas, mas não conseguem se transformar em células sanguíneas. Na medula óssea há células-tronco capazes de se transformar em diferentes tipos de células sanguíneas, mas não são capazes de se transformar em células epidérmicas. As células-tronco são necessárias para reparar um tecido lesado, para reprodução e substituição de tecido que apresenta um padrão de renovação regular, como as paredes do intestino.

Aplicações das células-tronco

As células-tronco vêm sendo aclamadas como método para reparar corpos lesionados, tratar doenças e, talvez, promover o desenvolvimento de novos tecidos ou órgãos.

No momento, elas são usadas no tratamento de alguns tipos de câncer, afecções sanguíneas e imunodeficiência. Geralmente, os resultados são melhores em crianças. Elas podem ser usadas para produzir células sanguíneas saudáveis em pacientes cujas próprias células foram danificadas por tratamentos contra o câncer.

Elas também podem ser usadas no controle de qualidade e teste de novos fármacos, para produzir tecidos que podem ser manipulados e destruídos sem causar danos. A contagem de células é um importante estágio no teste de fármacos. Células-tronco poderiam, por exemplo, ser catalisadas para produzir células do fígado para testar novos fármacos no tratamento de doenças do fígado. As células do fígado se comportariam (no laboratório) da mesma forma que no corpo, de modo que os pesquisadores poderiam verificar de forma segura os efeitos de um novo medicamento diretamente nas células de fígado antes de testá-lo em pacientes humanos.

Tratamento da leucemia

Células-tronco vêm sendo usadas há décadas na forma de transplantes de medula óssea para tratar a leucemia. Novas células sanguíneas são criadas na medula óssea e liberadas para o fluxo sanguíneo.

CAPÍTULO 16

CONHEÇA SUAS CÉLULAS-TRONCO

Existem diferentes tipos de células-tronco. O nome de cada tipo está relacionado a sua funcionalidade, onde é encontrada ou como é obtida.

- As células-tronco pluripotentes são as mais úteis. Elas podem ser encontradas em embriões em fase bem inicial e são capazes de produzir células de qualquer tipo (do mesmo organismo). Portanto, as células pluripotentes poderiam ser usadas para gerar sangue, ossos, células nervosas, células do fígado, tecidos do pulmão, músculos, pele e assim por diante.
- As células-tronco hematopoiéticas são células-tronco sanguíneas. Elas são encontradas na medula óssea e são capazes de se transformar em qualquer uma de muitos e diferentes tipos de células sanguíneas que temos em nosso corpo. Elas podem ser usadas no tratamento de afecções sanguíneas.
- As células-tronco embrionárias são aquelas derivadas de embriões. A única célula do óvulo recém-fecundado precisa se multiplicar rapidamente de modo a se transformar em todos os diferentes tipos de células encontradas no corpo. As células embrionárias em fase bem inicial são pluripotentes – são capazes de crescer e se transformar em qualquer coisa. Desde 1998, tornou-se possível reproduzir mais células-tronco embrionárias a partir de uma amostra.
- As células-tronco do sangue de cordão umbilical são extraídas do cordão umbilical quando um bebê nasce. Não há nenhum prejuízo para o recém-nascido nesse processo. Elas são células hematopoiéticas.
- As células-tronco somáticas estão presentes tanto em adultos quanto crianças. São específicas para cada tipo tecido e podem se transformar apenas em um número limitado de tipos de células. As células-tronco epidérmicas, por exemplo, podem produzir os diferentes tipos de células necessárias para reconstruir a pele.
- As células-tronco pluripotentes induzidas são células derivadas de adultos (ou crianças) e retornam a um estado de pluripotência em laboratório.

Quando o fornecimento de novas células sanguíneas do próprio paciente não estiver bem, como no caso da leucemia, o transplante de medula óssea de um correspondente genético próximo é capaz de corrigir isso ao fornecer um novo lote de células-tronco para criar células sanguíneas saudáveis.

Antes de um transplante de medula óssea ser feito, os glóbulos brancos do próprio paciente têm de ser destruídos. Como os glóbulos brancos são essenciais para nosso sistema imunológico, o paciente fica sem sistema imunológico (e, portanto, sem nenhuma resistência a infecções) por um breve mas arriscado período antes de ser capaz de produzir novas células sanguíneas saudáveis.

TUDO COMEÇA COM UMA ÚNICA CÉLULA...

A maior parte dos animais e plantas começa com uma única célula, chamada óvulo (ou ovocélula). O óvulo se divide repetidamente para produzir mais células. Depois de um curto espaço de tempo, as células começam a assumir funções especiais (diferenciação), se transformando em diferentes partes do embrião. As primeiras células são capazes de se transformar em qualquer tipo de célula que o organismo precisa.

Como as células "sabem" em que tipo se transformar não é algo completamente entendido, mas é controlado principalmente por agentes químicos liberados no embrião. As células pegam essas instruções do DNA, que estão na forma de longas fitas chamadas cromossomos (leia o capítulo "Qual é a diferença entre uma pessoa e uma alface?"). O DNA controla todos os organismos vivos, do porco-formigueiro ao peixe-zebra.

O DNA tem um mapa completo de todo o nosso corpo, codificado como uma série de genes contidos nos cromossomos. Os genes podem ser "expressos", significando que são ativados e terão efeito sobre o funcionamento da célula, ou "reprimidos", significando que são desativados e não terão efeito algum. Ao expressar os genes corretos nas células certas e no momento exato, o corpo cresce e funciona corretamente. Os ossos se desenvolvem onde tem de ter ossos e param de crescer quando estiverem completos; os pulmões crescem onde deve haver pulmões e assim por diante. Sinais químicos dizem às células que tipo de célula elas devem se tornar.

Trabalhando com células-tronco

As células-tronco parecem saber o que precisa ser feito e quando fazê-lo. Se forem introduzidas em um corpo que precisa de reparo urgente, elas produzem o tipo de células necessárias – de alguma forma são capazes de detectar danos e são programadas para saná-los.

Rudimentos do crescimento das células-tronco

As células-tronco pluripotentes são extraídas de embriões em fase bem inicial, até 14 dias após a fertilização. Nesse estágio, o embrião é uma blástula (veja ilustração), em grande parte uma esfera oca de células com um grupo de células-tronco em uma das extremidades.

Há duas fontes de células-tronco embrionárias. Originalmente, elas eram extraídas de embriões criados durante tratamentos de fertilidade que excediam as necessidades do casal. Tipicamente, o tratamento de fertilidade

122 • CAPÍTULO 16

in vitro (IVF, *in vitro fertility treatment*) consiste na extração de vários óvulos da futura mãe, sua fertilização, e então coloca-se de volta no corpo da mãe um pequeno número deles para que possam se desenvolver. É produzido um número maior de óvulos fertilizados do que o necessário para o casal. Alguns podem ser congelados e armazenados para uma futura gravidez, mas mesmo assim geralmente ainda há excedente que podem ser doados para pesquisas com células-tronco.

Recentemente cientistas descobriram como criar embriões humanos "combinados". São embriões feitos com o núcleo de uma célula humana

---

CERTO OU ERRADO?

O uso de células-tronco embrionárias envolve muitos dilemas éticos e controvérsias. Células-tronco embrionárias humanas atualmente só podem ser recolhidas de embriões humanos e o processo envolve destruir o embrião. Embora os embriões usados sejam excedentes de ciclos IVF, algumas pessoas se contrapõem alegando que eles poderiam, se implantados, se transformar em bebês. Os pais dos embriões não querem que eles sejam implantados pois suas famílias estão completas; portanto, é difícil saber o que mais fazer com os embriões excedentes se não forem usados em Medicina e pesquisa.

Já o emprego de células do sangue de cordão umbilical tem menos implicações éticas. Não há nenhum prejuízo para a mãe ou o recém-nascido pelo uso desse tipo de sangue que seria, caso contrário, descarte de resíduos clínicos. Algumas pessoas querem armazenar o sangue do cordão umbilical para possível uso de seus filhos ou de outro membro da família. Em geral, há pouquíssima chance de a família alguma vez precisar dele (a menos que já se tenha conhecimento de uma condição genética que poderia se beneficiar desse tipo de tratamento). Armazenar células-tronco provenientes do sangue de cordão umbilical para uso pessoal é desnecessário e, na maioria dos casos, revela excesso de prudência. Muitos hospitais com instalações para extrair e armazenar o sangue do cordão umbilical encorajam os pais a doá-lo para um banco de sangue de cordões umbilicais em vez de pagar para mantê-lo. Suas famílias terão prioridade mais tarde, caso necessário.

O uso de células-tronco de embriões combinados suscita várias questões éticas. Algumas pessoas se opõem à mesclagem de espécies implicada ao se introduzir DNA humano em um óvulo de outro animal, muito embora o núcleo e todo o DNA que ele contém tenham sido removidos do óvulo. Em qualquer caso o embrião não consegue se desenvolver até a maturidade mas, mesmo assim, algumas pessoas acreditam que esse tipo de processo nunca deveria ter sido iniciado.

Células adultas que foram artificialmente retornadas à condição de pluripotência são a forma menos contenciosa de uso de células-tronco.

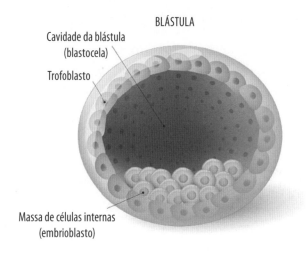

BLÁSTULA
Cavidade da blástula (blastocela)
Trofoblasto
Massa de células internas (embrioblasto)

(de praticamente qualquer tipo) e um óvulo de outro mamífero. O núcleo, contendo o DNA, é removido do óvulo e o núcleo da célula humana é usado para substituí-lo. A célula é estimulada com eletricidade, induzindo-a a começar a divisão. As células que se desenvolvem são 99,9% humanas, mas todas crescem a partir de uma única célula epidérmica ou de outra célula comum. É ilegal implantar embriões combinados e eles jamais poderiam virar um bebê. Uma vez que o óvulo fertilizado tenha atingido o estágio de blástula, as células-tronco são removidas e cultivadas em um meio de cultura. Elas se reproduzem rapidamente, podendo ser usadas como fonte de células-tronco pluripotentes para pesquisa ou tratamentos.

Um terceiro método envolve extrair células de seres humanos e reverter as células a um estado pluripotente – como se estivéssemos voltando o relógio. São as chamadas células-tronco pluripotentes induzidas (iPSCs, *induced pluripotent stem cells*). As primeiras iPSCs humanas foram criadas em 2007. As células são revertidas usando-se um vírus para introduzir "mensagens químicas" nelas.

Se elas se mostrarem seguras, haveria enormes vantagens no uso de células que sofreram um processo de reversão para fins terapêuticos ou de pesquisa. Nesse caso não existem questões éticas, já que não são usados embriões e as células originais podem ser extraídas do corpo do próprio paciente; portanto, não haveria problemas de rejeição de tecidos desenvolvidos com elas.

Esperanças renovadas

Os trabalhos em andamento com células-tronco sugerem que elas podem vir a ser úteis no tratamento de doenças em que certos tipos de células foram lesadas e destruídas. Em casos como a artrite reumatoide, as células do sistema imunológico atacam as juntas. O tratamento com células-tronco pode envolver a remoção de células do sistema imunológico (glóbulos brancos) do paciente e sua substituição por células que não atacam o corpo. Há outras possibilidades, como restabelecer o tecido ocular após perda da visão causada por degeneração da mácula ou tratamento do mal de Parkinson ou de Alzheimer pela recuperação de tecido cerebral.

As células-tronco poderiam ser usadas para construir, fora do corpo, tecidos ou órgãos de reposição para posterior transplante. Os cientistas são capazes de construir um "andaime" – uma estrutura básica para o órgão – que depois é povoada com células-tronco funcionando como catalisadoras na produção do tipo apropriado de células somáticas. Já foram criadas bexigas artificiais com essa técnica. Apesar do potencial para tratamentos que podem melhorar e prolongar a vida, os cientistas precisam ser cautelosos em relação às consequências do uso de células-tronco. Não está claro exatamente como as células-tronco se diferenciam ou até que ponto deveriam continuar a se multiplicar. Alguns especialistas temem que células-tronco que entrem num processo de aceleração excessiva possam provocar câncer, que ocorre quando a divisão celular fica fora de controle.

Retirada de produtos de células-tronco armazenadas em um freezer de criogenia em um laboratório.

CAPÍTULO 17

Como uma lagarta se transforma em borboleta?

A lagarta tece um casulo e depois de poucas semanas surge uma borboleta. Como isso acontece?

Tudo muda

Um dos incríveis milagres da natureza é quando um animal se transforma completamente passando de um estado para outro dentro de um casulo. Muitos tipos de insetos passam por metamorfose desse tipo. No caso dos sapos, podemos até ver a transformação: as pernas crescem, a cauda encurta, as brânquias encolhem (parte delas não conseguimos ver) e os pulmões se desenvolvem. Mas o que acontece dentro de um casulo (processo denominado holometabolismo) fica oculto de nossa visão.

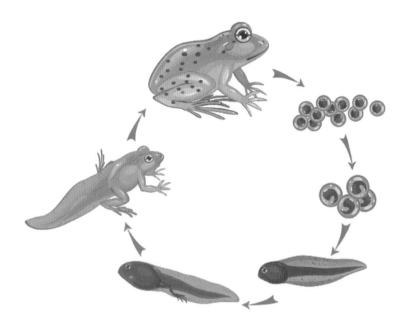

Estágios dos insetos

Os insetos começam a vida como ovos, saem do ovo na forma de larvas de vários tipos (escarabeiformes, vermiformes e eruciformes, entre outras). As larvas se alimentam e crescem até atingirem o ponto em que passam para o estágio seguinte do desenvolvimento – pupa. Depois elas produzem fios de proteína líquida que endurece com o ar para formar fibras que as larvas fiam em um casulo. O casulo pode ser macio ou duro dependendo da espécie do inseto. Algumas fibras de casulo são denominadas seda e podem ser transformadas em tecidos para a fabricação de roupas. Durante o tempo em que o inseto está no casulo ele é vulnerável, pois não consegue se mover. Sua melhor defesa é permanecer escondido – essa é praticamente sua única defesa a menos que o casulo seja muito rígido ou o próprio inseto seja tóxico para os predadores. As borboletas e mariposas normalmente tecem seus casulos em algum lugar fora de vista, grudadas debaixo de uma folha ou penduradas em beirais de casas e alpendres. As moscas-varejeiras tecem seus casulos em fendas e cantos escuros. Algumas mariposas fazem casulos debaixo da terra.

De dentro para fora

Uma vez que a larva tenha fiado seu casulo, passa a ser pupa e o conjunto todo (casulo e pupa) é chamado de crisálida. Coisas interessantes começam a acontecer dentro da crisálida. Primeiramente, as enzimas do intestino (que até então vinham digerindo o alimento da larva) começam a digerir seu próprio corpo de dentro para fora. Num certo ponto, a abertura de um casulo revelaria apenas uma sopa pastosa de lagarta sem nenhuma estrutura óbvia de seu corpo ou partes dele. O milagre biológico é que essa pasta se transforma em um inseto completo e complexo. Esse um fenômeno que acontece apenas em insetos.

Organizando-se

Os preparativos da lagarta começam antes mesmo de ela ter saído do ovo. Nesse estágio, ela forma grupos altamente organizados chamados discos imaginais que são dedicados a estruturas específicas na anatomia do inseto adulto. Há discos imaginais para olhos, asas, partes da boca, pernas e assim por diante. Em muitas espécies de inseto, os discos imaginais para as asas permanecem dormentes durante o estágio larval, mas em algumas eles começam a funcionar logo cedo. Isso significa que alguns tipos de lagarta e outras larvas escarabeiformes têm asas vestigiais já se formando dentro do corpo.

Transformações finais

Assim que a larva se transforma em pupa, enzimas digestivas decompõem a maioria ou até mesmo todas as células da pupa exceto os discos imaginais ou qualquer coisa que já tenha se desenvolvido a partir deles (em algumas espécies, alguns músculos e outros tecidos ainda são preservados no inseto final). Depois disso os discos imaginais usam toda a "sopa" da larva contida no casulo para construírem as células necessárias para os órgãos e tecidos da borboleta (ou qualquer outro inseto que esteja sendo preparado). Há material suficiente na pupa para isso – ele precisa apenas ser completamente reorganizado. Um disco imaginal que começa com apenas 50 células pode multiplicá-las até mil vezes em algumas semanas para construir uma asa completa.

Depois de algumas semanas ou, ocasionalmente, meses, a forma final do inseto, borboleta ou mariposa, surge do casulo. Ela pode dar mordidas no

128 • CAPÍTULO 17

casulo ou produzir um produto químico que o amacie de modo que possa encontrar seu caminho para o exterior.

A SOPA "TEM MEMÓRIA"

Um estudo de 2008 envolvendo lagartas de mariposas constatou que aquelas treinadas a evitar um dado odor lembravam-se de seu treinamento quando mariposas adultas. As lagartas recebiam um leve choque elétrico em associação com o odor e rapidamente aprendiam a evitá-lo, afastando-se do odor no aparelho experimental. Depois da metamorfose, as mariposas adultas também evitavam o odor. Isso sugere que algumas partes do sistema nervoso central sobrevivem após dissolvidas na sopa da lagarta e depois reconstruídas.

CAPÍTULO 18

Qual é o jeito mais econômico de se dirigir um carro?

Costumamos pensar que quanto mais rápido, maior será o consumo de combustível. Porém, não é tão simples assim.

Qualquer um de nós que já tenha enfrentado um congestionamento dirigindo sabe que quando o carro se desloca muito devagar o consumo de combustível aumenta muito. Mas por quê? Tudo se resume à quantidade de trabalho que o motor do carro tem de realizar e com que eficiência o faz.

Carros e bolos

Um motor, assim como o corpo humano, usa energia para trabalhar. O corpo usa alimentos como combustível quebrando as ligações dentro das moléculas para liberar energia quando precisamos fazer algo, seja respirar, curar uma ferida, para o crescimento das unhas dos pés ou correr atrás de um ônibus.

O motor de um carro faz exatamente a mesma coisa: quebra as ligações dentro das moléculas para liberar a energia que ele usa – através do motor,

virabrequim, semieixo e eixos – para fazer as rodas girarem, impulsionando o carro ao longo do trajeto. O trabalho é medido em newton-metros ou joules (essas unidades são a mesma coisa – joule é a quantidade de energia usada para exercer uma força de um newton ao longo de um metro). Talvez você esteja mais acostumado a calorias como medida da energia contida nos alimentos. Uma caloria é a quantidade de energia para se elevar de 1° C a temperatura de um grama de água e equivale a 4,2 joules. Obtemos energia dos alimentos; já os carros normalmente a obtêm da gasolina ou do diesel.

Energia, trabalho e força

É preciso energia para que um carro se desloque e a energia é gasta exercendo-se uma força. Imagine que o carro não esteja funcionando e você tenha que empurrá-lo. Obviamente, você terá de exercer uma força para movimentá-lo. A força é medida em newtons (N). Um newton é a força necessária para se movimentar a massa de 1 kg com aceleração de 1 m por segundo por segundo. Isso significa que o primeiro newton é gasto acelerando a massa a partir do repouso até que esta se mova a 1 m por segundo (m/s), e o segundo newton a acelera até 2 m/s e assim por diante. Percebe-se claramente que não é muita força assim; portanto, normalmente medimos força em kilonewtons (kN).

Se tiver de empurrar seu carro e ele pesar 1000 kg, você perceberá que é muito difícil colocá-lo em movimento, mas uma vez que esteja se movimentando você não terá de fazer tanta força para empurrá-lo. Isso porque é preciso exercer a maior parte da força para acelerá-lo, e não para movê-lo. Você tem de acelerá-lo de zero (estado de repouso) para alguma velocidade (em movimento). Para que ele comece a se movimentar do estado estacionário a 1 m/s são necessários 1.000 N (um newton para cada quilograma do carro).

Algumas leis (não as leis de trânsito)

Há duas importantes leis para se deduzir quanto um carro usa. A primeira delas é a segunda lei do movimento de Isaac Newton:

$$F = m \times a$$

(a força em Newtons = massa em quilogramas × aceleração em metros por segundo por segundo).

A outra é a primeira lei da termodinâmica, normalmente conhecida como lei da conservação de energia, que afirma que a energia não é nem criada nem destruída, mas pode mudar, por exemplo, de calor para trabalho (como a energia mecânica) ou de trabalho para calor.

A energia contida nos combustíveis é energia química. Quando o combustível é queimado, as ligações químicas são quebradas e a energia é liberada. A energia liberada do combustível é convertida em outras formas de energia no carro, mas nem toda ela é usada para movimentar o carro. Ela é convertida em energia mecânica que impulsiona o carro, sendo o calor um subproduto.

O problema com o atrito

Existe outra lei também relevante, a primeira lei do movimento de Newton:

Todo objeto em um estado de movimento uniforme tende a permanecer neste estado de movimento a menos que uma força externa seja aplicada a ele.

Isso significa que se colocarmos algo em movimento, ele continuará se movendo a menos que algo atue para pará-lo. No espaço sideral, uma espaçonave que foi colocada em movimento continuará avançando quase indefinidamente pois há pouca coisa atuando sobre ela para fazê-la parar ou mudar sua trajetória, a menos que caia no campo gravitacional de alguma estrela, planeta ou outro corpo celeste. Já na Terra isso não acontece, porque sempre há matéria em contato com o objeto em movimento, seja ele o ar, a água ou a terra (ou uma combinação destes). Isso significa que sempre há atrito entre o objeto e o que estiver tocando nele. O atrito com o ar ou a água é percebido na forma de resistência ao avanço.

Um carro em movimento está sujeito à resistência do ar que ele atravessa e ao atrito entre a superfície do asfalto e os pneus. É necessário trabalho para o carro superar a resistência do ar e o atrito com a via. Com pneus perfeitamente lisos e uma superfície de rodagem totalmente plana, haverá menos atrito. Mas o atrito é necessário para dar ao carro uma boa aderência. Pneus carecas em uma estrada com gelo têm pouco atrito e são extremamente perigosos. Portanto, o atrito se faz necessário, muito embora signifique que o carro tenha de realizar mais trabalho e, consequentemente, consumir mais combustível.

132 • CAPÍTULO 18

Há também o atrito entre as peças do motor que estão em contato umas com as outras; portanto, usamos óleo e graxa para lubrificá-las e reduzir o atrito. Manter o carro bem lubrificado reduz o atrito e, consequentemente, reduz a quantidade de energia total usada. Isso, por sua vez, reduz a quantidade de combustível que o carro precisa para percorrer a mesma distância.

Imagine por um instante que você não precisa se preocupar com o atrito – que seu carro possa deslizar sobre a via como uma astronave através do espaço. Uma vez que o carro esteja se movendo, nada irá detê-lo, não é necessário combustível para continuar a viagem. O combustível é necessário apenas para fazer com que o carro se mova na velocidade desejada – o que nos leva de volta à segunda lei do movimento:

$$F = m \times a$$

Aqui fica claro que quanto mais rápido quisermos que o carro se desloque, mais combustível será consumido pois F (força) simplesmente aumenta com a (aceleração). Assim que você atingir a velocidade desejada – nesse mundo ideal sem atrito – não será preciso mais combustível para continuar se deslocando.

Em nosso mundo imperfeito e com atrito, precisamos queimar combustível para alcançar a velocidade desejada e então usar mais combustível para continuar avançando, enfrentando o atrito da via, aquele dentro do motor e, finalmente, a resistência aerodinâmica. É por isso que o cálculo se torna difícil.

Eficiência de movimento dentro do motor é fundamental. A velocidade de condução mais econômica não é realmente velocidade, mas sim uma condição do motor. Para a maioria dos carros, mudar de marcha quando o motor atinge 2.500 rpm para motores a gasolina (2.000 rpm para motores a diesel) é a condição mais econômica de rodagem. É importante também acelerar e desacelerar suavemente – superar esses números de giros faz com que o motor queime muito combustível, seja por você acelerar muito rapidamente, seja por estar numa marcha muito lenta.

E a melhor velocidade é. . .

A eficiência dos combustíveis cai rapidamente em velocidades baixas bem como em velocidades muito altas. Em termos gerais, a velocidade de cruzeiro mais econômica é por volta dos 90 km/h. Pesquisa feita pela revista

What Car? mostra que rodar a 130 km/h usa 25% mais combustível do que rodar a 110 km/h. Em altas velocidades, a resistência do ar aumenta rapidamente; portanto, o carro precisa de muito mais combustível para manter a velocidade. A força necessária para empurrar um objeto através de um fluido (inclusive o ar) aumenta com o cubo da velocidade: se dobrarmos a velocidade, a força necessária para vencer a resistência do ar aumenta oito vezes (2^3).

Dobrar a velocidade também significa reduzir pela metade o tempo de viagem. Força é a taxa de realizar trabalho; portanto, a força total depende do tempo. Consequentemente, dobrar a velocidade aumenta oito vezes o trabalho para superar a resistência do ar, mas reduz o tempo pela metade; logo, a força total necessária aumenta quatro vezes. Levando-se em conta apenas a resistência do ar, é preciso o dobro de combustível para rodar a 160 km/h do que para rodar a 80 km/h.

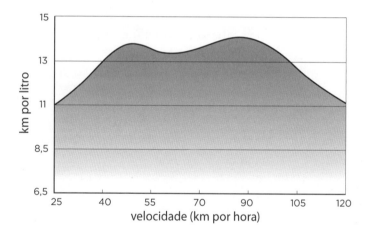

Podemos confiar nos dados fornecidos pelos fabricantes?

Resumidamente, não. Os números oficiais para consumo de combustível se baseiam em testes que não envolvem dirigir o carro nas condições típicas de uma via real. O *test-drive* não prevê pistas de péssima qualidade, desviar-se de obstáculos perigosos, acelerar agressivamente próximo de semáforos ou frear abruptamente para evitar colisões. Em vez disso, o que temos são motoristas sisudos e sensatos dirigindo o carro em um circuito praticamente vazio a velocidades moderadas, acelerando devagar e freando de forma controlada.

134 • CAPÍTULO 18

NAVEGAÇÃO DE FÓTONS

Eliminando-se o atrito da equação, a primeira lei do movimento de Newton pode (ao menos teoricamente) ser demonstrada através da navegação de fótons. A ideia é que uma espaçonave possa velejar – como um iate. À medida que fótons da luz solar (ou de outra estrela) forem atingindo a vela, terão o mesmo efeito do vento fazendo com que a espaçonave se mova. Como não há nada para impedi-la, basta uma leve pressão dos fótons para fazer com que se movimente.

Em 2014, testes com 500 carros constataram que o consumo médio de combustível era consideravelmente maior do que aquele anunciado pelos fabricantes, dando 18% menos de km/l do que as quilometragens por litro por eles alegadas. Não é nenhuma surpresa para aqueles desapontados com o consumo de combustível de seu novo carro. O que surpreende mais talvez seja o fato de que a economia de combustível é pior com carros menores.

Como mostra a tabela abaixo, é melhor em termos de verdadeira economia de combustível dirigir um carro com um motor com cilindrada de 1-2 litros do que com motores com cilindrada abaixo de 1 litro ou acima de 2 litros.

Cilindrada do motor	km/litro alegada	km/litro real	Diferença %
Até 1 litro	25,64 km/l	16,41 km/l	36%
1-2 litros	25,13 km/l	19,85 km/l	21%
2-3 litros	22,49 km/l	19,13 km/l	15%

Combustíveis aditivados dão realmente aquele "a mais"?

Os combustíveis são classificados segundo seu RON (*research octane number*, índice de octanos ou simplesmente octanagem) que está relacionado com a quantidade de combustível que pode ser comprimida antes de entrar em auto-ignição. O combustível sem chumbo comum tem um RON igual a 95 e o sem chumbo aditivado tem RON 98. Um combustível topo de linha tem RON 102.

Teoricamente, quanto maior o RON mais energia o carro consegue obter – e, consequentemente quilometragem ou velocidade maiores – usando a mesma quantidade de combustível. Na prática, é muito improvável que se obtenha um melhor desempenho suficiente para justificar o custo extra na maioria dos carros.

É mais provável que os combustíveis sem chumbo aditivados tragam benefício para carros de alto desempenho dirigidos de forma enérgica e rápida. Motores turbocompressor e superalimentados funcionam em níveis de temperatura e pressão maiores do que motores tradicionais e são capazes de extrair o máximo de uma maior octanagem. Eles também são mais suscetíveis a "bater pino" situação provocada por combustível não queimado realizando pré-ignição no lugar errado e com potencial para causar danos a peças do motor. Combustíveis de alta octanagem têm menos chance de produzir batida de pino no motor e, consequentemente, proteger um motor superalimentado.

COMO REDUZIR O CONSUMO DE COMBUSTÍVEL

Para economizar combustível, dinheiro e salvar o planeta, você pode reduzir a quantidade de trabalho que seu carro tem de realizar de diversas maneiras:

- Reduzindo o peso: na equação $F = m \times a$, m é a massa; uma massa maior aumenta a força necessária para movimentar um carro. Não carregue peso desnecessário. Não deixe coisas que não irá usar dentro do carro – se não for levar crianças muito pequenas, não leve carrinhos para transportá-las; se não for inverno, não leve pá para remoção de neve.
- Reduzindo a resistência aerodinâmica: retire coisas que são pontudas e prejudiquem a forma aerodinâmica do carro – portanto, nada de bagageiros ou porta-bicicletas a menos que vá realmente usá-los.
- Mantendo o carro em boas condições: faça manutenções frequentes em seu carro para que ele rode da melhor forma possível – mantenha os pneus calibrados e tudo bem lubrificado e ajustado para reduzir o trabalho que o motor tem de realizar para manter as coisas funcionando.
- Quando o tempo estiver quente, desligue o ar-condicionado e, em vez dele, abra uma janela, pelo menos em baixas velocidades. Em velocidades muito altas, entretanto, a resistência maior de uma janela aberta anula o efeito; portanto, talvez seja melhor ligar o ar-condicionado.

COMPRAR OU NÃO COMPRAR?

Você está recebendo de volta a quilometragem pela qual pagou? Eis como saber:

$$\frac{\text{Quilometragem com combustível aditivado}}{\text{Quilometragem com combustível comum}} =$$

$$\frac{17 \text{ km/l}}{15 \text{ km/l}} = 1,14$$

$$\frac{\text{Custo do combustível aditivado}}{\text{Custo do combustível comum}} =$$

$$\frac{\text{R\$ 8,13}}{\text{R\$ 7,56}} = 1,08\%$$

A quilometragem com um combustível aditivado é 114% daquela com combustível comum. Portanto, o custo do combustível aditivado é 108% daquele com combustível comum. Como este motorista está conseguindo uma quilometragem extra de 14% por um custo extra de 8%, vale a pena comprar o combustível aditivado.

Em suma, se você tiver um carro potente, com características técnicas especiais e com um motor turbocompressor, é possível obter vantagem com combustível aditivado. Mas se você der apenas umas voltinhas ou a maior parte de suas viagens forem curtas e com trânsito congestionado, os combustíveis aditivados provavelmente serão um desperdício de dinheiro. Caso queira experimentá-los, encha o tanque e observe a quilometragem que obtém com ele – talvez seja melhor fazer isso três ou quatro vezes para obter uma média confiável – depois compare-a com a quilometragem/litro normal.

CAPÍTULO 19

Por que encontramos fósseis de conchas em montanhas?

É comum encontrar fósseis de criaturas marinhas em lugares muito longe do oceano.

Grande quantidade de fósseis

Cerca de 99,9999% de todas as espécies que já existiram estão extintas atualmente. Apenas uma proporção muito pequena foi fossilizada, mas isso ainda representa uma quantidade enorme de fósseis. A maioria dos fósseis não é de criaturas imensas, imponentes como os dinossauros: são pequenos, até mesmo microscópicos, de plantas, criaturas marinhas, insetos e assim por diante. Embora haja grandes depósitos onde se acham muitos fósseis colossais, é muito mais comum encontrar depósitos menores e fósseis isolados.

Deriva continental

Os animais e as plantas passaram por mudanças com o passar do tempo, assim como a terra, o mar e o clima. É possível achar fósseis de criaturas marinhas em

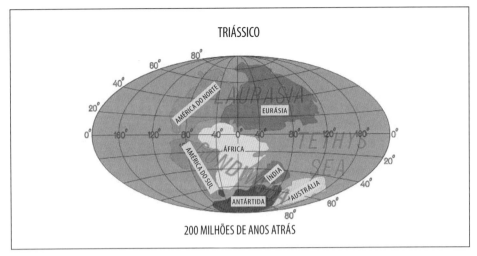

Localização das massas continentais há 200 milhões de anos.

locais interioranos longínquos porque as áreas nas quais eles viveram há muito tempo, na costa ou no fundo do mar, não estão mais onde uma vez estiveram.

Em 1620, Sir Francis Bacon notou que a costa da África Ocidental se encaixava muito bem no formato da costa Atlântica da América do Sul e da América do Norte. Foi o primeiro indício de que talvez as massas continentais não estiveram sempre onde estão atualmente. A primeira pessoa a propor que grandes massas de terra de fato se movem foi um meteorologista e geofísico alemão chamado Alfred Wegener (1880-1930) em 1912. Ele chamou a atenção para a existência de estratos de rocha idênticos na África do Sul e no sudeste do Brasil, e para os fósseis do dinossauro Mesossaurus, achados em ambos os continentes. A existência de carvão na Grã-Bretanha e na Antártida foi uma evidência adicional. O carvão provém de árvores mortas, mas só em condições quentes e molhadas. Nem a Antártida nem a Grã Bretanha têm um clima que poderia produzir carvão atualmente.

Havia só duas possibilidades: ou o clima nesses lugares algum dia havia sido muito diferente ou as massas continentais haviam se movimentado, e provavelmente esses locais estavam mais próximos do Equador no passado. Wegener supôs que a menos que a órbita da Terra ao redor do Sol tivesse mudado, não havia nenhuma possibilidade de que a Antártida alguma vez pudesse ter sido quente o suficiente para a formação de carvão; portanto, a resposta deve ser que as massas continentais haviam se deslocado. Embora ele tivesse apresentado muitas evidências para embasar sua ideia de que o solo no planeta Terra tem se movimentado durante a longa história do planeta, Wegener não pôde explicar como isso aconteceu. Consequentemente, a ideia foi combatida ferozmente pelo *establishment* da geologia quando primeiro proposta por ele. Contudo, durante o século XX, surgiram evidências adicionais que finalmente conduziram à explicação – a tectônica de placas.

A Terra tem uma crosta fina e rochosa que se assenta sobre camadas mais espessas de rocha semifundida, chamada magma. Correntes de convecção produzidas por aquecimento desigual do centro da Terra fazem com que o magma se movimente, arrastando a crosta consigo. A crosta é dividida em sete grandes camadas, chamadas placas, e várias outras menores. Os limites entre as placas são localizações importantes em termos da geologia da Terra.

Rocha nova no lugar de rocha antiga

Em alguns lugares, as placas se afastam lentamente à medida que o magma, vindo de baixo, força passagem através de uma abertura; após endurecer,

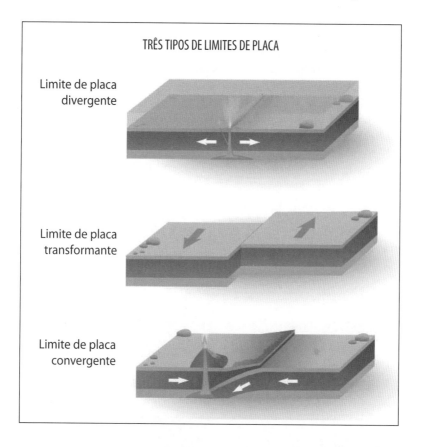

TRÊS TIPOS DE LIMITES DE PLACA

Limite de placa divergente

Limite de placa transformante

Limite de placa convergente

forma novas rochas. Isso acontece nas dorsais meso-oceânicas – embaixo do Oceano Atlântico, por exemplo. A rocha nova frequentemente forma cadeias de montanhas subaquáticas (a "dorsal") com um rifte no meio. O rifte é a parte produtiva de onde o magma flui. Isso é o que causa a atividade vulcânica na Islândia e em outros lugares onde o magma de erupções de vulcões submarinos forma novas ilhas. A Islândia está no final da dorsal Atlântica. À medida que as placas oceânicas são afastadas pela ascensão do magma elas se movem na direção de placas que sustentam as massas continentais, empurrando-as.

COMO OS FÓSSEIS SE FORMAM

Há diferentes tipos de fósseis. Os mais famosos, como os grandes esqueletos de dinossauro que vemos em museus, se formam quando as partes duras de uma planta ou animal morto lentamente se transformam em rocha por meio de um longo processo de troca química. Isso só acontece em condições específicas. Ocasionalmente, partes não ósseas, como pele escamosa, também podem ser fossilizadas, mas é menos comum.

Se a planta ou animal estiver ausente e só a "impressão" permanecer, isso é chamado de iconofóssil. Frequentemente formados na lama ou em sedimento que depois vira rocha, os iconofósseis incluem pegadas, marcas do arrasto de caudas ou buracos feitos por lombrigas e outras criaturas escavadoras.

Campos de fósseis podem se formar quando ocorre um desastre local, como um deslizamento de terra que rapidamente soterra um grande número de plantas e animais ao mesmo tempo. Eles são comprimidos e escondidos (não podem ser comidos por saprófagos, nem carregados pelo vento ou pisoteados) e são lentamente fossilizados ao longo de milhares ou milhões de anos.

Criaturas marinhas pré-históricas fossilizadas na rocha.

POR QUE ENCONTRAMOS FÓSSEIS DE CONCHAS EM MONTANHAS? • **141**

Em outros lugares, duas placas continentais podem simplesmente deslizar uma contra a outra. Terremotos são comuns nesses estágios, à medida que a pressão aumenta, quando as placas tentam se encaixar umas contra as outras até finalmente, num brusco movimento, se acomodarem em uma nova posição. Esse "solavanco" provoca um terremoto. A Falha de Santo André na América do Norte é um exemplo de limite transformante, local em que as placas se friccionam umas contra as outras, causando terremotos.

Em outros limites de placas, chamados de zonas de subducção, a extremidade da placa oceânica que contém o assoalho oceânico afunda para debaixo de uma placa continental que sustenta uma grande massa de terra. No assoalho oceânico há muita água do mar, que reduz o ponto de fusão da placa à medida que é forçada para baixo adentrando a rocha fundida que se encontra abaixo. A rocha do solo oceânico funde, formando magma, que depois é comprimido para cima através dos vãos na rocha continental para formar vulcões. Terremotos e vulcões são comuns em lugares como a costa ocidental da América do Sul, perto da zona de subducção onde placas oceânicas e continentais se encontram.

A formação de montanhas

Quando duas placas continentais se encontram, as extremidades se chocam umas contra as outras e empurram o solo para cima, formando cadeias de montanhas. As extremidades das placas uma vez formaram o litoral, mas ficam sem acesso ao mar quando as placas colidem. O Himalaia se formou quando a placa tectônica sob a Índia penetrou lentamente a placa que está sob a Ásia. Esse processo continua; portanto, o Himalaia está ficando um pouco mais alto a cada ano. Ao mesmo tempo que crescem, as montanhas são desgastadas pelo efeito intempérico do vento e da chuva (erosão). Se elas erodirem mais lentamente que a rocha que está sendo empurrada para cima, continuam crescendo. Se a erosão for mais rápida que o crescimento, serão lentamente desgastadas. Uma vez que as montanhas não estejam mais crescendo, elas se reduzem lentamente em tamanho por causa das intempéries do vento e da chuva, que as desgastam pouco a pouco.

É por causa do movimento das placas tectônicas que fósseis de criaturas marinhas conseguem chegar a montanhas tão altas como o Himalaia. Ao longo de milhões de anos, o solo que antes foi a praia de uma ilha pode se encontrar no meio de uma cadeia de montanhas. O rochedo que atualmente faz parte do Monte Everest constituiu a costa da Ásia. O rochedo leva nele os fósseis de criaturas marinhas, mesmo tendo se deslocado para muito longe da costa.

E o processo continua

As placas não deixaram de se mover e provavelmente não deixarão de fazê-lo em breve, embora a velocidade desse movimento esteja gradualmente se reduzindo à medida que a Terra vai se resfriando. Elas ainda se movem ao ritmo de alguns centímetros a cada ano, embora vários grupos de pesquisa apresentem números ligeiramente diferentes do ritmo exato. Parece que as placas se movimentam no Atlântico a um ritmo de cerca de 1 cm por ano, cada uma, causando o afastamento entre a Europa e a América do Norte e o crescimento do Oceano Atlântico ao ritmo de cerca de 2 cm por ano. Em um milhão de anos terá aumentado 20 km. Em outros lugares, o ritmo de movimentação parece ser maior, de 5 a 10 cm por ano.

Se pudéssemos dar um *zoom* no tempo, há cerca de 100 milhões de anos atrás, veríamos que o Oceano Pacífico se retraiu e que o Atlântico se estendeu imensamente. Fósseis de peixes que morreram nas costas asiáticas do Pacífico, e criaturas das praias da Califórnia, provavelmente estariam no alto de uma nova cadeia de montanhas, talvez unindo a costa oriental da China com a costa ocidental da América do Norte.

Turista fotografa uma falha entre placas tectônicas no Parque Nacional de Pingvellir, Islândia.

CAPÍTULO 20

Será que as plantas sentem dor?

Todos nós sabemos que outros animais podem sentir dor. Mas o que aconteceria se fosse descoberto que as plantas também sofrem?

Muito mais do que pensamos...

As plantas são muito mais do que parecem à primeira vista. Elas constituem grande parte da biomassa do mundo, embora notadamente saibamos pouco sobre seu funcionamento. O que se tornou evidente ao longo dos últimos 20 anos ou mais é que elas são muito mais complexas do que suspeitávamos. Pelo fato de a maioria ser imóvel e de todas responderem muito lentamente aos estímulos externos (o que se reflete em diferentes padrões de crescimento), a vida ativa das árvores é praticamente despercebida.

O "grito" de etileno

Em 2002, pesquisadores de Bonn, Alemanha, anunciaram um experimento que foi amplamente divulgado como demonstrando que plantas gritam ou choramingam quando machucadas ou estão doentes. Isso parece um tanto exagerado, como se plantas "sentissem" dor, uma sensação desagradável, da mesma forma que acontece com os animais. O som das plantas "gritando" foi captado usando um microfone a laser. Dizer que plantas gritam talvez seja uma deturpação dos fatos.

As plantas emitem gás etileno em grandes quantidades ao serem machucadas. Os pesquisadores de Bonn capturaram o etileno e o bombardearam com radiação infravermelha, fazendo com que as moléculas vibrassem. O feixe laser era interrompido 2.000 vezes por segundo, produzindo um pulso de alta frequência. À medida que as moléculas de etileno eram excitadas pelo feixe laser, emitiam uma pequeníssima quantidade de energia que era captada e transmitida por um tubo de ressonância na forma sonora. Os pesquisadores gravaram o som. Eles constataram que quanto maior fosse o estresse ao qual a planta fosse submetida, mais alto ela "gritava" – mas, na verdade, era apenas a medida da quantidade de etileno que ela liberava.

A descarga de etileno era convertida no som de um grito pelo equipamento usado no experimento, que facilmente poderia ter sido convertido em um feixe de luz ou uma descarga de calor. Usando o mesmo equipamento, plantas saudáveis emitem um ruído de borbulhagem ou de borbotão ao produzirem etileno de forma mais comedida.

A razão para as plantas produzirem grandes quantidades de etileno quando são machucadas ainda não foi respondida. Pode ser que o etileno sirva para deter agressores – insetos ou animais herbívoros – que estejam tentando comer a planta. Ou o etileno pode atuar como alerta para outras plantas. Apesar de parecer inverossímil, as plantas são capazes de muito mais comunicação do que podemos imaginar. Se as plantas "falam", é por meio de agentes químicos. O grito de etileno é apenas a ponta do *iceberg* em termos da comunicação e sinalização química das plantas.

Ai!

Antes de prosseguir, vale a pena fazer uma pausa para pensar no que envolve "sentir dor". Se você tocar em algo quente, duas coisas acontecem em seu corpo. Sensores em sua pele chamados nociceptores detectam o estímulo (chamado nocicepção) que indica danos ao corpo e enviam uma mensagem ao sistema nervoso central (medula espinhal e cérebro). A primeira reação é um ato reflexo imediato de tirar a mão do objeto quente. Você não precisa pensar sobre isso e o sinal nem precisa chegar ao cérebro – ele pode ser desencadeado pela espinha em um "arco reflexo". O sistema nervoso central envia um sinal de retorno aos músculos do braço para fazer com que afastemos a mão do calor e nos protejamos de maiores ferimentos.

Praticamente ao mesmo tempo em que você afasta a mão, o cérebro recebe os sinais de todos os nervos da área dolorida que colhe as informações, determinando o nível de dano e dor. É essa parte que dá a sensação de estar doendo e nos conscientiza de que estamos com dores. O processo é ligeiramente mais lento do que a ação reflexa defensiva. Você deve já ter percebido que há um momento em que vemos que nos ferimos, mas não sentimos ainda dor; é este o tempo que o cérebro leva para processar as informações. A dor é necessária como parte do processo de aprendizagem. Ela nos ensina a evitar aquela situação perigosa no futuro.

Uma ampla gama de animais demonstra nocicepção – de tigres a lesmas-do-mar. Entretanto, o sentimento da dor ocorre na parte mais externa do cérebro, chamada córtex, que é altamente desenvolvido em humanos. Ele é menos desenvolvido em outros mamíferos, menos ainda (proporcionalmente ao tamanho de todo o cérebro) em pássaros, répteis e anfíbios e o menor de todos em peixes. Os invertebrados não têm córtex porque o cérebro deles não têm a mesma estrutura do cérebro de um vertebrado. Mas não podemos descartar a possibilidade de que eles sintam dor de outra forma.

Plantas não têm um sistema nervoso central nem receptores de dor. Como, então, eles estariam "sentindo dor" e respondendo a ela? Se as plantas "sentem" ou não dor de alguma forma comparável com a maneira como fazemos, certamente são bem mais sofisticadas do que imaginamos.

RUÍDOS DE VERDURAS

A pesquisa sobre o "grito" de etileno tem aplicações práticas; ela é útil na agricultura e no varejo. Os "sons" de frutas, verduras, legumes e plantas podem determinar se eles são saudáveis ou não, e revelar doenças antes de ficarem visíveis. São informação valiosas para agricultores, horticultores e varejistas. Por exemplo, ruídos de abóboras revelaram mofo antes que pudesse ser visto.

---

146 • CAPÍTULO 20

As plantas "sentem"

Plantas são bem diferentes dos animais. Elas não têm os comportamentos óbvios dos animais, não produzem ruídos (que possamos ouvir) e tendem a permanecer no mesmo lugar. Mas isso não significa que não estejam fazendo algo. Elas respondem a estímulos externos – de fato, elas respondem a muito mais tipos de estímulos do que nós.

Os seres humanos têm cinco sentidos básicos – visão, audição, paladar, olfato e tato – mas as plantas têm muito mais se entendermos que sentido é a capacidade de detectar e responder a estímulos. As plantas respondem a: calor, luz, gravidade, água, estrutura do solo, nutrientes, toxinas, micróbios, insetos e animais predatórios, e a sinais químicos liberados por outras plantas. A *Arabidopsis thaliana* consegue responder a campos magnéticos e os choupos jovens conseguem detectar se são verticais ou inclinados. Descobriu-se que as plantas respondem ao toque e ao som.

Nas plantas esses mecanismos de detecção são chamados de "tropismos", em vez de sentidos. As plantas são fototrópicas – elas crescem inclinando-se em direção à luz. Elas também são geotrópicas: as raízes crescem no sentido do solo, onde a gravidade é mais forte; e os brotos crescem afastando-se dele, indo contra a gravidade. A investigação das respostas de plantas geralmente envolve a medição de alterações químicas, sinais elétricos e a observação de respostas mais lentas, como padrões de crescimento.

Algumas respostas de plantas são realmente extraordinárias. Um estudo descobriu que as raízes das plantas crescem como se fossem um cano enterrado que transporta água, mesmo a parte externa do cano estando completamente seca. As raízes das plantas que se avizinham de um obstáculo impenetrável como o concreto, se desviam antes de atingi-lo. Elas também evitam toxinas e as raízes de concorrentes mais fortes, afastando-se delas durante seu crescimento.

Experimentos recentes com plantas revelaram resultados ainda mais surpreendentes do que o grito de etileno.

A cientista-pesquisadora australiana, Monica Gagliano, realizou um experimento usando mimosa, uma planta que retrai brevemente as folhas quando perturbada. Ela jogou as plantas 60 vezes, em intervalos de cinco segundos, de uma altura de 15 cm, pegando-as antes de atingirem o solo, evitando que sofressem algum tipo de dano. Depois de cinco ou seis arremessos, muitas delas pararam de retrair as folhas, aparentemente por classificarem a queda como algo não ameaçador. No final do período de treinamento de 60 quedas, todas as plantas mantiveram as folhas completamente abertas.

Pode parecer um exagero "antropomórfico" dizer que as plantas "aprenderam" que a queda era inofensiva. Para ter certeza de que a resposta delas ainda era funcional, Gagliano passou então a chacoalhá-las. Elas recolheram suas folhas com esse novo estímulo, de modo que ficou claro que continuavam capazes de reagir do modo habitual. Gagliano testou novamente o "ensinamento" a cada semana e constatou que elas retiveram a lição (isto é, elas continuaram não reagindo a quedas) por pelo menos quatro semanas. Os insetos têm capacidade de concentração muito menor, esquecem uma lição destas depois de poucos dias.

COMPORTAMENTO COOPERATIVO

Parece que as plantas também têm algum tipo de reconhecimento de parentesco. Quando rúculas marítimas mais próximas eram colocadas no mesmo vaso, elas dividiam recursos de forma cooperativa, embora se saiba que, normalmente, as plantas apresentam a tendência de competirem entre si em situações semelhantes.

Plantas carnívoras

Outras evidências do processo de informações das plantas de formas que não compreendemos ainda vêm do estranho mundo das plantas carnívoras. Elas obtêm parte dos nutrientes de que necessitam consumindo pequenos organismos. Essas plantas normalmente vivem em ambientes com pouco nitrogênio, portanto, capturar e digerir insetos e pequenos animais capta os nutrientes que faltam.

Existem muitas plantas carnívoras, porém, a mais fascinante delas é a dioneia (pega-mosca), pelo fato de ela se movimentar. Suas folhas especialmente adaptadas são dispostas como "armadilhas". Elas têm pelos finos sensitivos que reagem a um inseto que caminha sobre ela. Quando isso acontece, a armadilha se fecha e a planta secreta enzimas digestivas que matam e dissolvem o inseto. A planta absorve então os nutrientes.

A planta só se fecha se dois pelos sensitivos forem tocados por um período de 20 segundos. Mesmo assim, no início ela se fecha apenas parcialmente. Se o organismo capturado continuar tocando os pelos sensitivos, a planta se fecha completamente e inicia o processo digestivo. Isso impede que a planta desperdice energia tentando digerir um pouco de detrito que tenha caído nela ou uma pessoa curiosa que a tenha cutucado com um lápis. Ela também

148 • CAPÍTULO 20

permite que pequenos insetos escapem – há pouco valor nutritivo neles para justificar o gasto de suco digestivo.

Mas como funciona a armadilha? De acordo como Alexander Volkov, professor de química da Oakwood University, no Alabama, a armadilha é formada por dois lobos com folha única, com uma "dobradiça" no meio. Os pelos são sensores mecânicos que convertem energia mecânica em energia elétrica. Quando um inseto toca nos pelos, a ação emite uma descarga elétrica que abre poros especializados na camada mais externa das células da armadilha, fazendo que escorra água das células internas aos lobos para células na parte externa. A dramática mudança na pressão da célula faz com que os lobos se fechem bruscamente em ambos os lados da "dobradiça" da armadilha.

> "As plantas têm um sistema de sinalização elétrica de curto e longo prazo e usam alguns agentes químicos parecidos com neurotransmissores como sinais químicos. Porém esses mecanismos são bem diferentes daqueles dos sistemas nervosos verdadeiros."
>
> Lincoln Taiz, professor emérito de fisiologia vegetal da University of California, Santa Cruz

Mas como ela conta os 20 segundos, "lembrando-se" de que havia sido tocada apenas uma vez? Ninguém sabe. Temos, então, uma planta que tem alguma forma de armazenar informações, mas sem usar musculatura ou um sistema nervoso como o de um animal.

Usando a dor

Os animais usam a dor como um sinal para se afastar de algo que os machuquem. Se um organismo não pode tomar uma atitude para escapar, para que serve a dor?

A reação das plantas a ações nocivas pode ajudar a protegê-la, se estiver lesionada, e até mesmo a proteger outras plantas que estejam por perto. Elas liberam sinais químicos em resposta a certos estímulos; esses sinais são levados pelo ar e captados por outras plantas, que então reagem. Quando uma planta é atacada por insetos ou animais de pasto, ela libera um sinal químico que faz com que plantas próximas produzam agentes químicos que as tornam não apetitosas ou mesmo venenosas.

Por exemplo, tomates machucados produzem um agente químico chamado metiljasmonato, que detém insetos que poderiam estar se alimentando da planta, mas também é detectado por outras plantas, que acionam seus próprios mecanismos de defesa, mudando sua composição química para produzir proteção química. Isso funciona entre espécies de plantas num incrível sistema de defesa cooperativo.

Muitas plantas produzem agentes químicos tóxicos ou que são repelentes de outra forma quando atacadas por insetos, mas algumas organizam suas defesas quando um inseto deposita ovos em suas folhas, preparando-se antecipadamente para a desova de lagartas famintas. Algumas plantas são capazes de distinguir dano mecânico – como o provocado pelo corte com uma faca – de um ataque de herbívoros, reagindo a agentes químicos contidos na saliva.

Trabalho conjunto

A sinalização química acontece não apenas pelo do ar, mas também pelo solo.

As árvores de uma floresta estão conectadas por meio de uma imensa rede subterrânea de fungos que crescem dentro e em torno de suas raízes. Alguns biólogos chamam isso de *wood-wide web*: a internet das plantas. Através dos fungos, as árvores transmitem sinais químicos – e informações – entre elas. Mas não é só isso, elas também repassam alimento, mesmo entre espécies diferentes. Uma pesquisa realizada no Canadá descobriu que as árvores maiores ajudam as menores, mandando para elas nutrientes como carbono, quando estão sob muita sombra e com menor capacidade de fotossíntese. Um experimento que envolvia injetar carbono radioativo para marcação em abetos constatou que o carbono se espalhava rapidamente por todas as árvores da área. Constatou-se que abetos sempre-verdes (perenifólios) ajudavam bétulas caducifólias, fornecendo a elas nutrientes durante o inverno quando não conseguem realizar fotossíntese, e pegavam carbono delas de volta (na forma de glicose) no verão. Árvores que estão no fim da vida se desfazem de seu carbono para que possa ser carregado por fungos para árvores ainda saudáveis.

Pesquisa feita com tomates e feijão constatou que fungos associados a raízes (denominados fungos micorrízicos) também repassavam informações sobre ataques, preparando outras plantas para que se defendessem. Quando um par de tomateiros associados era infectado com pinta preta, o segundo tornava-se resistente à doença. E quando um dos feijoeiros de um par associado a fungos era atacado por afídeos (pulgões), o segundo aumentava a produção de agentes químicos contra pulgões.

ADAPTAÇÃO

Um estudo revelou que uma planta, ao "ouvir" a gravação de lagartas comendo folhas da mesma espécie, produzia agentes químicos que repeliam os ataques de lagartas.

A *dark web*

A internet das plantas também pode ser usada para a prática de crimes; algumas plantas roubam suas vizinhas. A orquídea-fantasma não tem partes verdes e não consegue realizar fotossíntese, mas "rouba" o carbono que precisa de árvores próximas, usando a rede fúngica. E algumas são culpadas por crimes mais substanciais. As tagetes e a nogueira-negra produzem toxinas que podem ser transportadas por fungos para envenenar outras plantas que poderiam querer dividir o espaço competindo por água, nutrientes e luz solar.

Plantas inteligentes

Então as plantas reúnem informações sobre seu ambiente externo e reagem a ele de uma forma que, notadamente, parece com uma escolha. Mas as plantas não coletam, processam e repassam informações da mesma maneira que os animais. Nem mesmo neurobiólogos de plantas comprometidos estão em busca de nervos e cérebro nas plantas.

A "escolha" é mediada bioquimicamente – porém, por mais que não gostemos do raciocínio, nossas próprias escolhas são assim também. A bioquímica de nosso cérebro é tão intrincada quanto os mecanismos sensoriais das plantas. Uma proposta é que a "inteligência" da planta possa ser como a inteligência de enxames ou colmeias de insetos sociais como abelhas e formigas.

Um cérebro não seria útil para uma planta. Na realidade, as plantas normalmente estão sujeitas a danos e um cérebro seria um peso.

As plantas têm um desenho modular com raízes, folhas, flores e ramos repetidos no mesmo padrão. Consequentemente, uma planta pode perder até

REDE SUBTERRÂNEA

No filme *Avatar* (2009), todas as plantas do planeta alienígena se comunicavam umas com as outras pelas raízes das árvores. Isso não está longe da situação real da Terra, porque uma rede subterrânea de fungos possibilita a plantas de muitos tipos, de árvores à grama, comunicarem-se pela transferência de agentes químicos.

SERÁ QUE AS PLANTAS SENTEM DOR? • **151**

90% de seu corpo e mesmo assim se regenerar – não há nenhum órgão vital a ser perdido. Um cérebro poderia ser comido por uma formiga ou um antílope e reduzir as chances de sobrevivência da planta.

Embora as plantas não tenham células nervosas, elas produzem efetivamente neurotransmissores como dopamina e serotonina, agentes químicos que no cérebro de animais são usados para o envio de sinais. Ninguém conhece a função ou operação dos neurotransmissores nas plantas. Plantas também podem responder a anestésicos, uma descoberta feita pela primeira vez no século XIX. Expô-las ao éter (um dos primeiros anestésicos) impede que realizem fotossíntese, interrompe a germinação de sementes e impede que folhas de mimosa se dobrem quando tocadas. A maneira que os anestésicos atuam nas plantas ainda não é completamente entendida.

TELEPATIA ENTRE PLANTAS

Em 1966, o especialista em polígrafos da CIA Cleve Backster, conectou um polígrafo a uma planta em seu escritório – por nenhuma razão em particular. Ele descobriu, assim alega, que se ele imaginasse que estivesse ateando fogo à planta, ela produziria um surto de atividade elétrica que era registrado no polígrafo. Parecia que as plantas não apenas sentiam medo, mas poderiam ler mentes.

Backster continuou a conectar polígrafos a outras plantas, entre os quais alfaces e até mesmo frutas e legumes como cebolas, laranjas e bananas. Ele relatou que as plantas responderam aos pensamentos de pessoas nas imediações e, no caso de pessoas já familiares a elas, até mesmo a certa distância. Lançando mão do seu treinamento na CIA, Backster chegou a alegar ter conseguido que uma planta identificasse o assassino dentre suspeitos colocados lado a lado em uma sala para reconhecimento. Essa planta havia presenciado o assassinato de outra planta (que tinha sido pisoteada) e "apontou" o assassino dentre alguns suspeitos, ao produzir um surto de eletricidade quando o culpado surgiu. Elas também reagiram à violência contra outros tipos de organismos apresentando uma reação de estresse quando uma lagosta viva era jogada em água fervente ou um ovo fosse quebrado diante delas.

A história das plantas telepáticas de Backster ganhou destaque no *best-seller A vida secreta das plantas*, de Peter Tompkins e Christopher Bird, publicado em 1973. Parte do impacto ainda perdura, com pessoas falando com suas plantas ou tocando música clássica para elas, alegando que isso colabora com o bem-estar delas.

Outros cientistas não foram capazes de reproduzir os resultados de Backster com o polígrafo. A maioria dos botânicos se sentiu indignada com o prejuízo que as alegações absurdas do livro causaram à reputação do trabalho deles e alguns reclamaram que, por causa disso, a pesquisa sobre as reações de plantas – provocativamente denominada "neurobiologia vegetal" – não é levada a sério.

CAPÍTULO 21

Todas as pessoas veem as mesmas cores?

*Concordamos que a grama é verde e o céu é azul.
Mas todos nós vemos as cores da mesma maneira?*

É uma pergunta complicada, já que nunca poderemos saber o que é ser outra pessoa. É uma questão que transita pelo território da Filosofia e da Psicologia, mas os mecanismos que possibilitam enxergar dependem de Física pura.

Ingredientes da visão

Quando você olha para um objeto, a luz refletida dele ou emitida por ele entra em seu olho pela pupila e incide sobre células fotorreceptoras na superfície posterior interna (a retina). Há vários tipos de células, as dos tipos bastonetes e cones são responsáveis por detectar a luz. Os cones são responsáveis pela visão

TODAS AS PESSOAS VEEM AS MESMAS CORES? • **153**

colorida; já os bastonetes servem para enxergar à noite e distinguir entre claro e escuro em alta resolução.

Os cones são sensíveis a uma gama de comprimentos de onda, mas respondem mais fortemente à luz de determinado comprimento de onda; eles transmitem sinais – pulsos elétricos – ao cérebro. Quanto mais próxima a luz estiver do comprimento de onda máximo, mais pulsos produzem e mais forte é o sinal que emitem. O cérebro reúne todas as informações provenientes dos bastonetes e dos cones para compor uma imagem colorida do mundo. Funciona de modo bem parecido à tela de uma televisão ou de um computador, que compõe uma imagem complexa unindo um enorme conjunto de pixels individuais. O cérebro combina informações dos seis milhões de cones em cada olho, dando-nos uma visão tridimensional de alta resolução.

CÉLULAS DA VISÃO

O olho humano tem aproximadamente 120 milhões de bastonetes e 6 milhões de cones. Os bastonetes são muito sensíveis a níveis baixos de claridade e podem ser acionados por um único fóton (partícula de energia luminosa). Eles nos permitem ver sob luz fraca, mas não detectam as cores. Os animais noturnos, como corujas, têm uma proporção ainda maior de bastonetes em relação aos cones, conferindo a elas excelente visão noturna.

Nós conseguimos ver as formas porque temos muitos cones muito bem compactados numa pequena área da parte posterior da retina. Os cones conseguem detectar cor porque há três tipos especializados para diferentes comprimentos de onda de luz: cones S, cones M e cones L. Eles são mais sensíveis a comprimentos de onda de luz curtos (S), médios (M) e longos (L). Para pessoas com visão normal, isso se converte em luz azul (S), verde (M) e vermelha (L).

À noite e na sombra tudo parece cinzento porque não há luz suficiente para os cones funcionarem. A luz refletida pelos objetos é exatamente a mesma – ela ainda tem um espectro de cores – mas não conseguimos detectá-las porque a intensidade da luz é muito baixa para que os cones operem.

Como as coisas parecem

Quando a luz (de qualquer cor) incide sobre um objeto, três coisas podem acontecer: ela pode ser absorvida, refletida ou transmitida. A luz é absorvida se seu comprimento de onda coincidir com a frequência de vibração dos elétrons nos átomos da substância. O impacto da luz aquece ligeiramente a substância; portanto, a energia é transformada em calor. Objetos pretos absorvem toda a energia da luz – razão pela qual se deixarmos um objeto preto exposto à luz solar ele se aquecerá mais do que um objeto branco de tamanho semelhante (porque objetos brancos refletem toda a luz).

Se a luz incidir sobre uma substância que não tenha elétrons com uma frequência equivalente, ela excita os elétrons brevemente e depois é reemitida na forma de luz. Se a substância for opaca, a energia é irradiada pela superfície, ou seja, é refletida.

Se a substância for translúcida, a energia é transmitida para átomos adjacentes, excitando seus elétrons, e assim por diante, passando de átomo para átomo até sair do outro lado do objeto – portanto, a luz é transmitida. Parte dela é irradiada de volta para o ponto de onde veio, de modo que um copo verde parece verde tanto quando se olha para ele (luz refletida) bem como possibilita que luz verde brilhe através dele (luz transmitida).

UM POUCO SOBRE CORES

A luz faz parte do espectro eletromagnético: é energia que viaja na forma de ondas. O espectro eletromagnético inclui energia com comprimentos de onda extremamente diferentes (o intervalo entre os picos ou vales das ondas). O espectro vai de ondas de rádio a raios gama. As ondas de rádio têm comprimento de onda mais longo; pode haver uma distância de 100 km (62 milhas) entre as ondas. Os raios gama têm os menores comprimentos de onda, aproximadamente igual ao tamanho do núcleo de um átomo. A parte do espectro que conseguimos ver é chamada de luz visível. Luz de cores diferentes tem comprimentos de onda diferentes – a luz vermelha tem um comprimento de onda mais longo do que a azul. Em termos de física, a única diferença entre luz visível e ondas de rádio de uma estrela distante é o comprimento de onda. Contudo, o corpo humano responde à luz, às ondas de rádio e aos raios gama de modos muito diferentes.

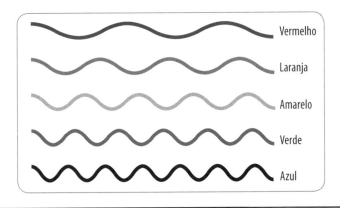

As cores são reais

É certo que você verá luz do mesmo comprimento de onda como uma mesma cor. Toda vez que vir um objeto que reflete luz amarela, com um comprimento de onda de 570 nm, verá a mesma cor. As propriedades físicas do objeto e da luz permanecem as mesmas, não importa quem as vê ou se não tiver nenhum observador. Então se definirmos cor não como algo percebido, mas como o comprimento de onda de luz envolvido, todos nós, de fato, vemos as mesmas cores. Mas talvez nem todos tenham a experiência de ver a mesma cor do mesmo modo.

A construção física dos cones e dos nervos que os conectam ao cérebro, assim como do próprio cérebro, não é a mesma em todas as pessoas. A transmissão de impulsos nervosos ocorre na forma de reações químicas – que são sempre as mesmas e não podem ser alteradas. Mas os fotorreceptores podem estar regulados de modo ligeiramente diferente – talvez seus cones L (bons para ver a cor vermelha) sejam mais sensíveis à luz com comprimento de onda de 564 nm, mas os meus talvez sejam mais sensíveis à luz com comprimento de onda de 567 nm, o que me fará mais sensível a vermelhos-alaranjados. E não é só isso, mas as cores que uma pessoa "vê" mentalmente pode parecer diferente da cor que outra pessoa "vê".

Mais cores e menos cores

Embora todos nós tenhamos o mesmo modo de ouvir sons, algumas pessoas conseguem ouvir sons de uma frequência mais alta ou mais baixa que outras, portanto, as habilidades de nossos ouvidos e outros órgãos sensoriais não são idênticas.

Alguns problemas de visão conhecidos significam que certas pessoas – aquelas com daltonismo, que pode ser de vários tipos – não veem algumas cores que outros veem. Por exemplo, alguém pode ver a cor verde como tons de marrom. Se tiverem aprendido a etiquetar algo como "verde", pode levar muito tempo para se darem conta de que não veem a cor verde da mesma maneira que outras pessoas – mas finalmente se torna óbvio, de modo geral, que outras pessoas consigam ver tons diferentes e classificar as coisas em verde ou marrom enquanto a pessoa daltônica consegue perceber pequena ou nenhuma diferença entre elas.

Outra variante é que algumas poucas pessoas são "tetracromatas" – elas têm quatro tipos de cone em vez de três. O tipo extra de cone é muito sensível

156 • CAPÍTULO 21

a cores entre o vermelho e o verde (na faixa amarelo/laranja). Os tetracromatas também veem as cores de forma mais clara ou vibrante do que outras pessoas. Alguns animais também têm quatro tipos de cone e conseguem ver um espectro mais amplo de comprimentos de onda do que nós. Há insetos, como as abelhas, que conseguem enxergar na faixa ultravioleta. Algumas serpentes, como cascavéis, conseguem enxergar na faixa infra-vermelha.

Qual é a cor daquele vestido?

Em 2015, a fotografia de um vestido listrado viralizou na internet. Algumas pessoas o viam branco e dourado e outras, olhando para exatamente a mesma fotografia, o viam preto e azul. Até os peritos não conseguiram explicar de forma convincente essa diferença no modo que as pessoas viam o vestido. Dr. Jay Neitz, que pesquisa visão colorida na Universidade de Washington, sugeriu que talvez a fotografia tivesse sido tirada em luz azulada e algumas pessoas inconscientemente compensam e veem o vestido branco, enquanto outras não compensam e o veem azul. Porém, foi uma sugestão experimental, não uma explicação consolidada. O que a fotografia deixou claro foi que todas as pessoas não veem necessariamente a mesma coisa ao olhar para o mesmo objeto.

Novamente, isto não é o mesmo que concordar que algo é verde, mas é possível ter a experiência de cada pessoa ver uma cor diferente olhando para o mesmo objeto. O modo como o cérebro percebe o mundo é quimicamente idêntico em todos, contudo, sabemos que as pessoas respondem diferentemente a muitas coisas – desde gostar ou não de certos sabores a achar algo doloroso ou prazeroso. Há sabores e aromas que algumas pessoas conseguem detectar e outras não os percebem. Parece que o cérebro é capaz de apresentar uma experiência diferente ao mesmo estímulo – mas é muito difícil dizer se estamos vendo cores diferentes. Embora concordemos que o sangue e os tomates são vermelhos, você poderia estar vendo a cor que eu chamo de azul? Se olhar para a ilustração de um tomate azul, você sabe que não é o vermelho que associa aos tomates. O que você não pode dizer é se vê a mesma cor que eu vejo quando olho para tomates normais.

PALAVRAS IMPORTAM

Parece que a quantidade de cores que as pessoas distinguem em um arco-íris depende parcialmente de seus olhos e parcialmente do idioma que falam e do número de palavras que nomeiam as cores desse idioma. Isaac Newton foi o primeiro a explicar que o espectro é produzido ao dividir a luz branca, e ele só conseguia distinguir cinco cores, mas finalmente baseou-se em sete para descrever esse processo. Ele fez isso porque sentia-se atraído por uma antiga teoria grega que afirma que há uma conexão entre: as cores, os sete planetas conhecidos no século XVII, as escalas musicais e os dias da semana. As pessoas que vivem em culturas com menos palavras referentes a cores tendem a distinguir menos cores claramente.

Para nós é tudo a mesma coisa – ou não?

Em 2009, Neitz e colegas realizaram um experimento em macacos-esquilo machos, que têm apenas dois tipos de cones, portanto, veem menos cores que nós. Os macacos machos normalmente não conseguem ver as cores vermelho e verde – eles não conseguem distingui-las se estiverem num fundo neutro – embora as fêmeas consigam. Os cientistas inseriram um gene de cone humano num conjunto selecionado aleatoriamente de cones dos macacos machos. O gene foi transportado por um vírus que infectou alguns dos cones adicionando o gene e transformando-os em células que poderiam detectar a cor vermelha. Após cinco meses, os macacos com os cones infectados foram capazes de distinguir a cor vermelha. Embora o cérebro de cada um deles não tivesse sido equipado ao nascer para distinguir a cor vermelha, conseguiram fazê-lo. Neitz afirma que isso significa que não há nenhum padrão predeterminado para o modo que os cérebros constroem percepções do mundo externo, pelo menos no que concerne à visão colorida.

> "Penso que podemos dizer com certeza que as pessoas não veem as mesmas cores."
>
> Joseph Carroll,
> Medical College of Wisconsin

CAPÍTULO 22

Estamos próximos de descobrir a cura do câncer?

Em todo o mundo, milhares de pessoas morrem de câncer a cada dia, cerca de 7 milhões por ano (dados de 2022). Será que algum dia conseguiremos erradicar esta doença?

Fora de controle

O corpo humano é constituído por células organizadas em tecidos e órgãos. As células são de diferentes tipos, cada uma adequada a sua função específica. Um adulto tem cerca de 100 trilhões de células (100.000.000.000.000). As células normalmente se dividem de modo controlado: quando precisamos de novas células para crescer (como é o caso das crianças), para reparar algum

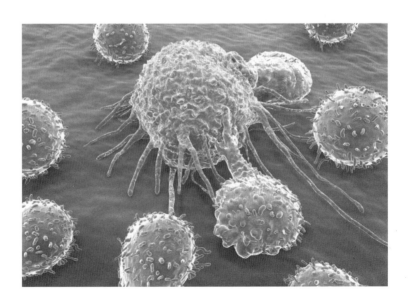

CATEGORIAS DE CÂNCER

Existem cerca de 200 tipos de câncer que afetam diferentes partes do corpo. Os tipos câncer são agrupados em cinco categorias dependendo do tipo de tecido do corpo no qual a doença começou.

- Carcinoma é o câncer que começa na pele ou nas paredes que recobrem os órgãos internos.
- O sarcoma começa nos tecidos que sustentam o corpo ou dão suporte a eles, como ossos, cartilagem, músculos, gordura e vasos sanguíneos.
- A leucemia se inicia na medula óssea, local onde são formadas as novas células sanguíneas. O câncer produz células sanguíneas anormais que são liberadas na corrente sanguínea.
- O linfoma e o mieloma se iniciam nas estruturas do sistema imunológico, como os gânglios linfáticos.
- O câncer cerebral e o da medula espinhal começam nos tecidos do sistema nervoso.

dano ou para substituir células antigas que se desgastaram, as células copiam o próprio material genético e se dividem em duas.

Algumas vezes ocorrem enganos no processo de divisão celular. O material genético, o DNA, não é copiado apropriadamente. Isso é chamado de mutação. Células que sofrem mutações normalmente morrem, mas às vezes isso não acontece. Elas podem começar a se multiplicar – criando mais células defeituosas. O câncer ocorre quando a duplicação de células fica fora de controle. As células defeituosas continuam a se dividir quando não são necessárias novas células e podem se transformar em um nódulo ou tumefação, chamado tumor. Os cânceres do sangue (leucemia) não formam tumores, porém as células extras que se formam nos vasos sanguíneos ou na medula óssea (onde as células sanguíneas são criadas) causam problemas. O tumor pode crescer sem ser detectado por um tempo – até mesmo anos – dependendo do local do corpo onde se encontra e da velocidade em que está crescendo. Alguns tumores são benignos (não cancerosos), mas ainda podem representar uma ameaça à vida caso influenciem outras estruturas, como as do cérebro.

Um tumor se torna maligno (canceroso) apenas quando desenvolve a capacidade de se espalhar para outras partes do corpo, normalmente quando as células tumorosas se rompem e são levadas para o sistema sanguíneo ou linfático. Eles podem evoluir para tumores secundários em qualquer parte do corpo.

Causas do câncer

Existem vários fatores que podem fazer com que as células se reproduzam desnecessariamente. Elas podem sofrer influências externas, como tabaco ou radiação. O câncer também pode vir com o envelhecimento – nossas células ficam mais propensas a cometer erros à medida que envelhecemos, e os erros nas células são cumulativos.

Algumas pessoas herdam genes que aumentam o risco de ter certo tipo de câncer. Isso acontece inteiramente ao acaso, pois as células cometem erros ao se duplicarem. E o câncer também é resultado da combinação de vários desses fatores.

São necessárias muitas mutações para que o câncer se instale. O mecanismo de controle de qualidade do corpo normalmente detecta células defeituosas e faz com que se autodestruam. Mas se a mutação envolver esse sistema de verificação e erros passarem despercebidos ou se a mutação impedir que a célula se autodestrua, a célula defeituosa pode se reproduzir com sucesso e o câncer evolui.

Parte de nós mesmos

A dificuldade dos médicos em tratar o câncer é que o tumor é formado por células do próprio corpo. Nas doenças infecciosas existe um patógeno – um organismo que causa a doença – que é estranho ao corpo. O mecanismo de defesa natural do corpo, ou seja, o sistema imunológico, ataca esses organismos estranhos e os destroem. Ele é o nosso exército pessoal de células especiais para combater doenças. Podemos ajudar o sistema imunológico com o uso de remédios como antibióticos (leia o capítulo "Será o fim dos antibióticos?"), ou mesmo o fornecimento de anticorpos pré-fabricados para combater uma doença específica. Mas o câncer é uma questão delicada: embora o sistema imunológico normalmente destrua células enfermas ou "rompidas", as células cancerosas são reconhecidas pelo sistema imunológico como parte do "auto" e não são atacadas.

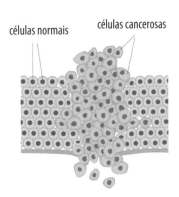

Tratamentos

(Na realidade, doenças autoimunes, em que o sistema imunológico destrói as próprias células do corpo, provocam sérias doenças.)

Tratamentos

Os tratamentos para câncer normalmente são desagradáveis e dolorosos. No passado eram ainda piores. Até o século XX, o único tratamento era cirúrgico – extirpar o tumor. Algumas vezes funcionava, embora fosse uma experiência agonizante na época em que não havia anestesiologia.

Hoje em dia um tumor até pode ser removido cirurgicamente (com o paciente anestesiado) após o qual o paciente será tratado com quimioterapia ou radioterapia. Mas muitas vezes o câncer pode ser tratado sem cirurgia.

A quimioterapia, em particular, pode causar efeitos colaterais extremamente desagradáveis. O alvo da quimioterapia são as células quando elas se dividem. Usualmente é aplicada na forma de agentes químicos que percorrem o corpo todo. Pode ser aplicada por injeção, dentro do soro (gotejamento intravenoso) ou cápsulas a serem ingeridas. Como as células cancerosas se reproduzem mais rapidamente do que a maioria das outras células, são as mais atingidas pela quimioterapia. Contudo, outras células que se reproduzem frequentemente também são afetadas, entre as quais células epidérmicas, folículos pilosos e células da parede interna do estômago. É por isso que pessoas submetidas à quimioterapia normalmente perdem cabelo e têm enjoos estomacais – as células do couro cabeludo e do estômago sofrem danos por causa da terapia.

A radioterapia consiste em direcionar grande dose de radiação especificamente às células tumorosas. O impacto da radiação quebra os longos filamentos das moléculas de DNA que constituem os cromossomos. Isso impossibilita que as células se reproduzam e elas acabam morrendo. A radioterapia se concentra especificamente no tumor, para não prejudicar outras células do corpo. Há radioterapias via oral ou por injeção na veia; a radiação ionizante percorre o corpo inteiro até atingir o tumor, onde se acumula.

> "Contudo – quando o ameaçador instrumento de aço penetrou o peito – atravessando veias – artérias – carne – nervos – não precisei de nenhuma ordem para não conter minhas lágrimas. Soltei um grito que persistiu, de forma ininterrupta, por todo o tempo da incisão – e quase fiquei maravilhada por aquele ruído não ter ficado zumbindo em meus ouvidos até agora, tão excruciante era a agonia!"
>
> Fanny Burney escreveu sobre sua mastectomia para Esther Burney, 1812

162 • CAPÍTULO 22

Ambos os métodos funcionam interferindo em células cancerosas do DNA. Falta às células cancerosas o mecanismo das células normais que reparam DNA lesado e é essa a característica que os tratamentos tradicionais contra câncer exploram. Quando células normais são atingidas por radiação, elas interrompem o ciclo celular até que o dano seja reparado. As células cancerosas continuam se reproduzindo como se nada tivesse acontecido, mas as células catastroficamente danificadas que são produzidas não conseguem funcionar adequadamente e rapidamente morrem. Os detalhes do processo eram desconhecidos quando a radioterapia e a quimioterapia foram inicialmente desenvolvidas – era certo que os tratamentos funcionavam, mas não estava claro de que forma.

Entretanto, células cancerosas podem continuar a sofrer mutações e criar resistência às drogas usadas para tratá-las e até mesmo a outras drogas às quais ainda não foram expostas. As células cancerosas podem, por exemplo, realizar mudanças adaptativas que as capacitam a bombear as drogas para fora das células.

Métodos melhores

As pesquisas na área médica estão constantemente buscando formas de tratar o câncer. Há diversos avanços promissores, embora seja muito cedo para afirmar se há uma cura milagrosa próxima.

Um dos métodos é mirar na capacidade do câncer de se esconder do sistema imunológico no organismo. Novos medicamentos imunoterápicos visam fazer exatamente isso, reeducar o sistema imunológico e capacitá-lo a "enxergar" e destruir células cancerosas. Entre os primeiros resultados anunciados em 2015 há um estudo britânico em que 58% dos pacientes com câncer de pele em estágio avançado tiveram seus tumores consideravelmente reduzidos usando esse método e em 10% dos casos os tumores foram destruídos.

Outra possibilidade é desativar o gene que encoraja as células tumorosas a se replicarem. Os cientistas têm trabalhado com fitas de material genético que ocorrem naturalmente, chamadas RNA mensageiro, capazes de bloquear

> "Evidências advindas de ensaios clínicos sugerem que estamos no início de uma nova era para tratamentos contra o câncer. Alguns tipos mais comuns de câncer parecem poder ser tratados com imunoterapia. De modo geral, câncer de pulmões, rins, bexiga, cabeça/pescoço e o melanoma são responsáveis por aproximadamente 50.000 mortes por ano, ou seja, cerca de um terço das mortes por câncer."
>
> Peter Johnson, professor de Oncologia Médica, Cancer Research UK

seletivamente um único gene. Esse processo é conhecido como interferência por RNA (RNAi). Uma pesquisa de 2012 constatou que quando determinado gene era bloqueado em um paciente com um tipo de leucemia, as células cancerosas paravam de se replicar e voltavam ao estado de glóbulos brancos normais em que não se dividem. É possível que uma forma de molécula RNAi possa ser encontrada de modo a interferir em outras células cancerosas. O segredo está em descobrir a proteína que está causando o problema em cada caso e então bloquear sua produção com um RNAi apropriado.

Explorando uma ausência

Normalmente as células cancerosas não têm um gene chamado p53, uma ausência que possivelmente pode ser explorada no tratamento. O gene p53 faz parte do mecanismo de defesa das células contra vírus, porém, alguns vírus produzem proteínas para inativar o p53 nas células. O vírus entra então na célula e se multiplica. O modo de funcionamento do vírus é sequestrar a célula e instruí-la a fazer cópias delas próprias. Quando a célula estiver cheia de cópias do vírus, ela se rompe e o vírus se espalha para invadir células vizinhas.

Um vírus, o adenovírus, foi manipulado de modo a poder viver apenas dentro de células em que *já* haja ausência do p53 – isso significa que ele será capaz de ter como alvo apenas células cancerosas, não invadindo células saudáveis. Se o vírus for colocado em um tumor, ele matará as células cancerosas deixando intactas as células normais do corpo, já que não poderá entrar nelas. Esse método está passando por ensaios clínicos nos Estados Unidos e já é usado na China para tratamento de câncer pulmonar.

Bloqueando agentes químicos

Pelo fato de as células cancerosas se dividirem e se espalharam rapidamente, elas precisam de uma boa reserva de sangue para nutri-las e remover refugo. O câncer geralmente coopta células locais, fazendo com que se transformem em vasos sanguíneos quando o tumor está com cerca de 1 mm (0,04 polegadas). É possível identificar marcadores químicos nas células que estão prestes a sofrer essa mudança e identificar e bloquear a ação de agentes químicos que induzem o desenvolvimento de vasos sanguíneos. Bloquear a produção desses

164 • CAPÍTULO 22

agentes químicos ou sua ação pode ser uma maneira de fazer os tumores regredirem.

Ao estudarem o DNA de células cancerosas, os cientistas estão começando a revelar similaridades entre cânceres de tipos distintos. Isso auxilia os médicos a descrever e identificar cânceres específicos e a dar um prognóstico a seus pacientes, além de abrir caminho para novos tratamentos. Se a investigação médica sobre células cancerosas pode revelar suas fraquezas específicas, pode ser possível, no futuro, encontrar tratamentos para os quais o câncer é especialmente vulnerável, explorando tais fraquezas. Isso levaria a uma abordagem em que o câncer de cada paciente seria descrito em termos moleculares e atacado com tratamentos cuidadosamente direcionados.

Cerca de metade da população que vive no mundo economicamente desenvolvido desenvolverá câncer em algum momento da vida e um em cada quatro morrerá deste mal. A cura do câncer pouparia grande dose de sofrimento. Tratamentos menos dolorosos serão um dos avanços mais bem-vindos da Medicina.

CAPÍTULO 23

Máquinas inteligentes podem assumir o controle?

Máquinas inteligentes que dominam o mundo é um enredo comum da ficção científica. Essa ameaça pode se tornar realidade?

Para assumir o controle, as máquinas devem ser capazes de pensar e argumentar de forma independente, muito além da programação relativamente direta da maioria dos computadores atuais. Em suma, elas precisariam ser inteligentes.

Ainda não existem máquinas inteligentes o suficiente – o que chamamos de "inteligência artificial" (IA) – para que as reconheçamos como rivais da inteligência humana. Portanto, o perigo não é iminente, mas pode não estar muito distante. Como alguns tecnólogos e filósofos têm apontado, o momento para pensar no problema é antes que ele aconteça, para que seja evitado numa fase de desenvolvimento precoce. Será muito tarde quando as

166 • CAPÍTULO 23

máquinas já estiverem prontas para agir contra nós, exibindo seus músculos de aço em tom ameaçador.

Passo 1: Produza as máquinas

Desde que os primeiros robôs apareceram, em meados do século XX, as pessoas têm aderido à IA.

Antes de abordar a fabricação da IA, precisamos decidir o que pode ser considerado inteligência. Não há nenhum acordo universal quanto a esse significado, mas frases como "pensamento independente", "criatividade" e "teoria da mente" (as crenças, desejos e intenções usadas para entender por que uma pessoa age de certo modo) estão na boca do povo. Nem está claro quais limites deveriam ser estabelecidos. A IA pode trapacear de forma deliberada? Pode fazer suposições? Pode ter sentimentos? Deve ser consciente?

O jogo da imitação

O primeiro teste para verificar se uma máquina pode ser chamada de inteligente foi inventado muito tempo antes de haver IA para testar. O pioneiro do computador, Alan Turing, descreveu um teste que ele chamou de o "jogo da imitação", que atualmente chamamos de teste de Turing. Nesse teste, um ser humano tem uma conversa por digitação com um computador oculto. Se a pessoa confiavelmente detectar que fala com uma máquina, o teste falha. Mas se a pessoa acreditar que está falando com outro ser humano, a máquina passa no teste.

Ainda não desenvolvemos nada que tenha superado o teste de Turing. Porém, como todos nós lidamos com máquinas que falam conosco, desde sistemas telefônicos de *call-centers* até "assistentes digitais" de alguns *smartphones*, estamos mais acostumados com a ideia. Talvez tenhamos também um conhecimento mais prático que nossos predecessores – é possível que seja mais difícil nos ludibriar atualmente.

Já existe muita IA de nível relativamente baixo por aí. As ações dos participantes controlados por computador em um videogame sofisticado são decididas por um programa de IA, por exemplo. Assistentes pessoais digitais como o Siri da Apple e o Google Now usam IA para decodificar e responder às perguntas que fazemos usando linguagem natural (a fala humana normal, em vez de código de computador). Mas estão muito distantes da verdadeira inteligência que possibilita aos seres humanos interagir uns com os outros e compreender as complexas nuances por trás da linguagem.

Orações como **O vale está florido** e **Esta moeda vale muito** são difíceis para um computador analisar gramaticalmente – não há nenhuma pista que leve a máquina a considerar a palavra **vale** substantivo no primeiro caso e verbo no segundo. A linguagem de máquina se deprecia com tais armadilhas. A complexidade das redes neurais em nosso cérebro nos permite lançar mão de anos de experiência e de uma riqueza de contexto para decifrar tais frases. Até onde sabemos, nenhum computador nem sequer chegou perto desse nível de complexidade.

Entretanto, é uma ideia equivocada pressupor que qualquer inteligência artificial deva imitar a inteligência humana. A imitação não é algo que exigimos de outras máquinas. Todos os nossos equipamentos de transporte de massa usam rodas, uma solução para o movimento que não é achado em nenhum lugar na natureza. É possível – até mesmo provável – que a IA poderia se desenvolver segundo parâmetros sem paralelo com a inteligência humana.

IA na nuvem

O segredo para desenvolver a IA consiste em dar aos sistemas um modo de aprender. Para ser verdadeiramente autônomo e inteligente, a máquina precisa poder ir além do conhecimento provido com suas programações para absorver conhecimento novo, aprendendo de cada interação, de novas circunstâncias e consequências de ações. Se essa aprendizagem for restrita à experiência de uma única IA qualquer, ela prosseguirá lentamente. Porém, se os sistemas de IA agruparem suas experiências e o aprendizado na nuvem, vários sistemas poderão compartilhar e usar uma base de conhecimentos mais ampla.

Amigos, assistentes e amantes da IA

Filmes de ficção científica têm criado IAs com as quais poderíamos nos apaixonar, fazer sexo, fazer amizade ou seriam empregados domésticos. Algumas organizações já estão desenvolvendo cuidadoras com IA para ajudar pessoas idosas nas tarefas do dia a dia, suprindo a necessidade de cuidadores em países com uma população que está se tornando mais idosa e com poucas pessoas jovens para prover os cuidados necessários.

168 • CAPÍTULO 23

O Japão enfrenta uma das perspectivas demográficas mais desafiadoras, portanto não é nenhuma surpresa que esteja na liderança mundial em desenvolvimento de robôs cuidadores. É um mercado que provavelmente se expandirá em muitas partes do mundo. Os robôs começarão, certamente, assumindo tarefas práticas, como levar um carrinho de medicamentos ou assegurar que as saídas de incêndio sempre estejam desimpedidas e o equipamento de emergência esteja no lugar certo e funcionando, assim a equipe de cuidadores pode se ater a tarefas mais interativas. Porém, os robôs estão sendo utilizados em atividades para cuidar de pessoas, como virar os pacientes na cama ou ajudá-los a lavar os cabelos – um robô com 24 dedos desenvolvido no Japão já consegue lavar a cabeça pelo menos tão eficazmente quanto um cuidador humano.

É também popular no Japão um companheiro robótico com o formato de foca de pelúcia que simula as respostas de um animal de estimação vivo, demonstrando agradecimento quando acariciado. Muitos donos apreciam esta companhia de IA, mas alguns críticos sentem que adentra demasiadamente em território mais controverso. É um desenvolvimento tão novo que ainda não há nenhuma pesquisa quanto aos efeitos psicológicos de longo prazo de pessoas que se apegam emocionalmente a esses assistentes de IA.

Passo 2: Confie nas máquinas

É difícil acreditar que qualquer pessoa que tenha a intenção de desenvolver IA tentaria controlar o mundo, escravizar ou aniquilar os seres humanos, ou embarcar em qualquer outro caminho destrutivo apresentado no típico enredo de ficção-científica de Armagedon. Essas grandes desventuras muito provavelmente seriam consequências não intencionais. Indubitavelmente começaríamos com objetivos benignos, tais como tornar a vida mais fácil e mais agradável para nós mesmos, usando os recursos mais eficazmente, protegendo o clima, cuidando das pessoas que precisam de muita assistência, tornando a informação mais prontamente disponível, diagnosticando e tratando enfermidades de forma mais precisa e confiável, e assim por diante. Mas o perigo reside no sucesso.

Bill Joy, co-fundador da Sun Microsystems, sugeriu que quanto mais úteis tornarmos as máquinas, mais poderemos confiar nelas. Depois de um tempo, ficará impossível desligá-las. Já somos dependentes de sistemas computadorizados ao extremo. Desligar os computadores que operam nos bancos ou que controlam o tráfego aéreo, por exemplo, é impensável.

Temos presenciado consequências desastrosas devido à velocidade com que tomadas de decisão usando computadores acontecem. O assim chamado *"flash crash"* de 2010 viu o índice Dow Jones Industrial Average cair aproximadamente 1000 pontos. Supercomputadores realizando negociações a velocidades espantosas, sem nenhuma supervisão de seres humanos, fizeram com que o valor das ações despencassem porque elas foram vendidas muito rapidamente. Fica evidente que à medida que a IA vai se aperfeiçoando na tomada de decisões, superando os humanos, a tendência é permitir que ela tome cada vez mais decisões. Afinal de contas, por que qualquer pessoa ou organização comercial escolheria um sistema de tomada de decisão aparentemente menos confiável (de pessoas) em vez de um melhor com IA? Parece quase inevitável que a IA assumirá uma parte crescente de nossas tarefas assim que se tornar mais acessível.

Passo 3: Oops!

Entretanto, os computadores ficam limitados às suas programações. Mesmo que possam aprender de modo completamente independente, não irão (até onde sabemos) desenvolver consciência, compaixão, um sistema ético, emoções ou percepção a menos que sejam programados para fazê-lo. É fácil perceber que um sistema sem essas proteções humanas pode sair do controle. Bill Joy cita um cenário no qual IA criada para otimizar a produção de clipes de papel poderia decidir apropriar-se de todos os recursos disponíveis para alcançar sua meta, até mesmo, potencialmente, tirando átomos de corpos humanos para transformá-los em clipes de papel.

CONSCIÊNCIA COMO PROPRIEDADE EMERGENTE

Há uma teoria de que a consciência emerge naturalmente de redes neurais – não tem de ser criada mas ocorre naturalmente, assim como o tempo (clima) é uma propriedade emergente do ar, da água e da geologia. Isso não explica o que é consciência, mas esclarece como poderia ocorrer. Também explica a consciência de grupo de animais que agem em conjunto, como formigas e abelhas. Se a teoria estiver correta, a consciência pode surgir automaticamente em qualquer sistema de computador suficientemente complexo. Poderá até mesmo já estar lá. Não precisa ser uma forma de consciência que reconheceríamos imediatamente.

Morte causada por clipes de papel não é uma ameaça particularmente séria, mas muitas outras consequências não intencionais e indesejáveis foram pressupostas. Uma delas é que artefatos com IA poderiam optar por exterminar a humanidade, de modo inteiramente lógico, com base no fato de que as pessoas prejudicam o planeta. Seria possível impedir que isso aconteça – adotar as leis de robótica de Asimov pode ser uma das formas (veja o quadro "Consciência como propriedade emergente").

Há outros perigos menos óbvios. A Revolução Industrial mecanizou muitas tarefas enfadonhas e que consomem muito tempo que antes eram executadas por pessoas, com o resultado de que, em algumas áreas, os trabalhadores perderam seus empregos. Temos visto o mesmo com a informatização e o advento de robôs nas fábricas. A IA pode ceifar ainda mais postos de trabalho, incluindo muitos que atualmente envolvem conhecimento especializado nas áreas de Medicina, Advocacia, Educação, Arquitetura e pesquisa científica, entre outras. O fato da IA estar assumindo mais de nosso trabalho pode ser devastador ou libertador, depende de como a sociedade lidará com a mudança. Grande número de pessoas pode ficar sem trabalho, desmotivadas, e talvez vítimas de doenças mentais. Elas podem ser aplacadas com drogas e entretenimento, encorajadas a se dedicarem a algum *hobby* e, dessa forma, ficar satisfeitas, evitando-se insatisfação social. Em algumas visões distópicas, a massa de pessoas que não precisará mais trabalhar poderia até mesmo ser eliminada ou proibida de ter filhos por uma elite que não precise dela.

Hans Moravec, que fundou o programa de robótica na Carnegie Mellon University, Estados Unidos, acredita que, no final das contas, várias formas de IA irão suceder os seres humanos. Ele nos vê mantendo-as relativamente bem controladas por um bom tempo, mas é uma batalha que, no final, ele acredita que iremos perder. Talvez sejam ciborgues – combinação de humanos com máquinas – que assumirão o controle, mas considera que, no final, um presságio infausto está reservado para a humanidade, assim que deixarmos o gênio da IA sair da garrafa.

AS LEIS DA ROBÓTICA DE ASIMOV

A primeira vez que o autor de ficção científica Isaac Asimov apresentou suas três leis de robótica foi no conto *Círculo Vicioso* (1942). São elas:

1. Um robô não pode ferir um ser humano ou, por inação, permitir que um ser humano sofra algum mal.
2. Um robô deve obedecer às ordens dadas a ele por seres humanos, exceto se tais ordens entrarem em conflito com a Primeira Lei.
3. Um robô deve proteger sua própria existência contanto que tal proteção não entre em conflito com a Primeira ou a Segunda Lei.

Mais tarde Asimov acrescentou uma quarta lei, que vem antes das demais:

0. Um robô não pode causar mal à humanidade, ou, por inação, permitir que a humanidade cause mal a si mesma.

Tem sido frequentemente sugerido que essas leis são muito boas e devem orientar a produção de qualquer IA no mundo real.

CAPÍTULO 24

Qual é a diferença entre uma pessoa e uma alface?

É difícil acreditar, mas saiba que temos material genético em comum com a alface.

Provavelmente você não se parece muito com um pé de alface. Logo, deve estar pensando: Quais dos meus genes são exatamente aqueles que tenho em comum com esta hortaliça?

Um pouco sobre DNA

As informações que formam o mapa de qualquer organismo estão codificadas em seu DNA (ácido desoxirribonucleico) – as moléculas extremamente longas encontradas nas células. Cada fita de DNA é denominada cromossomo e é formada por segmentos chamados genes. O conjunto completo de genes que constitui a "receita" para um organismo é chamado genoma.

O genoma compreende um conjunto completo de instruções para formar e operar o corpo do organismo. As instruções são copiadas praticamente em cada célula do corpo e informam a cada uma delas o que ela deve ser e fazer – por exemplo, "ser uma célula óssea e se solidificar com minerais", "ser um nervo e transportar impulsos nervosos" e assim por diante.

Gene é um gênio

Cada gene instrui o corpo a produzir determinada proteína. As proteínas são responsáveis por todas as atividades que ocorrem dentro do corpo, da digestão ao crescimento e o combate a doenças. Cada célula segue as instruções para produzir as proteínas que ela requer – ela lê apenas os trechos apropriados do DNA. Os demais trechos do DNA são enrolados e mantidos à parte onde não podem ser alcançados e são inativados.

Temos a tendência de ver os cromossomos de forma bem parecida como vemos as estações de metrô em um mapa: somente prestamos atenção nas estações, porém, há trilhos essenciais entre elas. Os genes cuja função conhecemos formam apenas cerca de 2% da extensão total dos cromossomos. Os cientistas ainda estão explorando o que os outros 98% fazem. É provável que uma função realizada pelo "trilho" – o DNA não codificado – seja informar cada célula qual das proteínas ela deve produzir. Já que toda célula tem o conjunto de instruções completo, essa é uma informação importante. Não vamos querer, por exemplo, células dos olhos produzindo enzimas digestivas.

O que os genes fazem

Muitas células em diferentes organismos desempenham funções idênticas ou similares. Embora você não se pareça muito com uma alface, suas células realizam muitos processos idênticos ao que uma planta precisa fazer. Certos processos celulares são os mesmos em todos ou quase todos os organismos, inclusive a maneira como as células se dividem e o modo que absorvem energia da glicose no processo da respiração da célula.

Portanto, embora a maior parte de nosso corpo não seja nada parecida com uma alface, ele efetivamente possui funções e processos similares às plantas e aos animais, particularmente os de outros mamíferos. Isso explica a porção maior de nosso genoma que temos em comum com outros animais.

TUDO CODIFICADO

A estrutura do DNA é uma hélice dupla com ligações entre as duas fitas, bem parecida com os degraus de uma escada. Cada "degrau" consiste em um par de "bases" nitrogenadas (as bases são substâncias alcalinas que formam sais quando misturados com ácidos) denominados "pares de bases" e sempre no formato adenina-timina e guanina-citosina – e não podem se combinar de forma diferente.

Os pares de bases ocorrem em grupos de três, chamados "códons". Como cada par pode ser iniciado com qualquer uma das quatro, e há três pares em um códon, no total há $4 \times 4 \times 4 = 64$ combinações possíveis. Uma sequência de códons fornece a receita para uma proteína – as informações que o gene precisa fornecer para que a célula produza as proteínas necessárias. As proteínas são formadas por aminoácidos. Certamente há códons suficientes para cada um dos 20 aminoácidos usados na construção das proteínas para que tenham o seu próprio código. Há também códons específicos "de início" e "de parada" que marcam o início e o final de um gene.

NÃO IMPORTA O TAMANHO

No genoma humano há 46 cromossomos, com cerca de 3,2 bilhões de pares de bases. De forma contrastante, o levedo tem apenas 12 milhões de pares de bases, algumas bactérias simples têm pouco mais de 100.000 e a lava-pés (também conhecida como formiga-de-fogo) tem 480 milhões. Mas não se sinta muito superior devido ao seu genoma de proporções enormes: o *Protopterus aethiopicus* ("peixe pulmonado marmoreado") possui 130 bilhões de pares de bases.

Animal	Proporção do genoma comum em relação ao genoma humano
chimpanzé	90%
rato	88%
cachorro	84%
peixe-zebra	73%
galinha	65%
mosquinha-das-frutas	47%
ascáride	38%

A razão de termos tanto material genético em comum com outros organismos, segundo o evolucionismo, são os ancestrais evolutivos em comum com eles. Em geral, temos mais genes em comum com organismos a partir dos quais divergimos mais recentemente durante o processo evolutivo. Os seres humanos e os chimpanzés tinham um ancestral comum recente por volta de seis milhões de anos atrás; portanto, as diferenças genéticas que surgiram desde então são as que fazem do ser humano e do chimpanzé animais diversos. Precisamos voltar ainda mais no tempo para encontrar ancestrais comuns com outros mamíferos, peixes, pássaros, insetos e plantas. A consequência disso foi que houve acúmulo maior de mudanças genéticas. Nosso último ancestral comum com os tubarões deve ter vivido há 290 milhões de anos – houve muito tempo para humanos e tubarões evoluírem diferentemente, perdendo e ganhando diferentes genes ao longo do caminho.

Não há, entretanto, uma conexão direta entre distância evolucional e diferença genética. As diferenças surgem à medida que ambas as linhagens de desenvolvimento passam por mudanças genéticas por meio de mutações. Portanto, as diferenças entre um rato e o ser humano são a soma das diferenças entre o ser humano e o ancestral comum e as diferenças entre o rato e o ancestral comum. Se uma linhagem estiver se desenvolvendo mais lentamente, é provável que existam menos diferenças genéticas acumuladas do que se esperaria. Além disso, alguns genes podem mudar da mesma maneira caso os organismos estejam sujeitos aos mesmos tipos de pressões ambientais. De qualquer modo, sob certos aspectos você é e continuará a ser similar a uma alface, um rato, um tubarão e a outros seres vivos.

CAPÍTULO 25

O Universo se extinguirá um dia? Como?

O fim do Universo virá – algum dia.

Os cientistas já têm uma boa ideia de como nosso Universo começou. Eles conseguiram essa informação ao fazer inferências retrocedendo no tempo, tomando como ponto de partida o que podemos observar do Universo atual e usando as leis da Física segundo o entendimento atual delas. Mas não chegaram a um acordo quanto ao fim do Universo. Esse fim pode se dar de duas maneiras: com uma grande explosão ou com um sussurro.

É certeza que o Universo está se expandindo. Mas ninguém sabe por quanto tempo ele continuará a se expandir e o que acontecerá no final. Tradicionalmente, há três possibilidades:

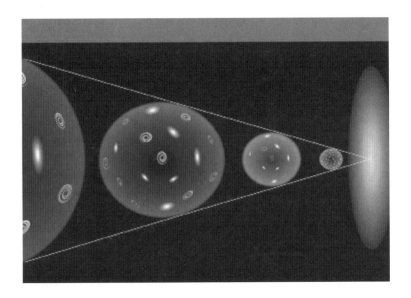

- continuará a se expandir cada vez mais rápido, no sentido de um Universo "aberto";
- continuará a se expandir, mas no mesmo ritmo ou em um ritmo mais lento, no sentido de um Universo "plano";
- deixará de se expandir, será revertido pela gravidade e se colapsará em si mesmo, no sentido de um Universo "fechado".

Nenhuma das hipóteses é excelente, mas felizmente nenhuma delas acontecerá por cerca de 20 bilhões de anos: certamente não é a coisa mais prioritária com a qual você deve se preocupar.

Esses são os cenários mais conhecidos que se discutem no momento. Porém, outra possibilidade foi acrescentada à lista e esta pode acontecer hoje, daqui a um ano ou daqui a 18 bilhões de anos. Neste cenário, o Universo instável simplesmente deixará de existir. Você poderia se preocupar com isto, já que é possível acontecer durante sua vida (ou para sermos mais rigorosos, no final dela). Mas não há nada que se possa fazer a esse respeito e provavelmente você nem perceberia o que estivesse acontecendo. Tudo acabaria antes mesmo de você ficar sabendo.

Os conhecimentos humanos de Física ainda não são suficientes para dizermos qual dessas situações irá acontecer ou se pode haver outra possibilidade que nem imaginamos pronta para nos pegar de surpresa.

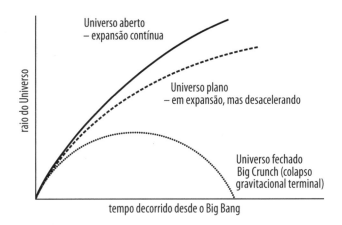

Desde os primórdios

A teoria cosmológica atual explica o princípio do Universo como um "Big Bang", mais apropriadamente chamado de "singularidade". Naquele momento, todo o tempo, espaço e matéria se expandiram e passaram a existir a partir de um ponto pequeno e infinitamente denso. Como ninguém é capaz de dizer de onde veio esse ponto – e já que "onde" não tem nenhum significado no contexto – isso dá margem a explicações sobrenaturais como, por exemplo, uma divindade criadora.

Naquele momento, por volta de 13,8 bilhões de anos atrás, tudo se expandiu de forma colossal, crescendo praticamente a partir do nada até atingir uma imensidão em um milionésimo de segundo.

No primeiro 10^{-32} de segundo (isto é 0,0000000000000000000000000 000000001 de segundo) o Universo cresceu até atingir o tamanho de uma toranja. Naquele ponto, sua expansão diminuiu de ritmo – mas ainda era bastante rápida: no final do primeiro segundo o Universo era do tamanho aproximado de nosso Sistema Solar.

Naquele primeiro segundo, as primeiras formas de matéria e antimatéria apareceram e praticamente aniquilaram umas às outras, deixando um excedente de matéria na forma de *quarks*, elétrons, fótons, neutrinos e algumas outras partículas. A única força que estava impulsionando o Universo se subdividiu para criar algumas das forças que temos agora como gravidade, eletromagnetismo e força nuclear fraca. As partículas começaram a colidir umas com as outras passando a formar prótons e nêutrons. Embora existissem fótons, o Universo ainda era tão denso que não havia possibilidade de nenhuma luz brilhar – se tivesse a possibilidade de alguém estar lá para observar, não teria visto nada. Uma viagem no tempo para testemunhar o Big Bang teria sido desapontadora em muitos aspectos.

Como se forma um Universo

Ao longo dos poucos segundos seguintes, à medida que a temperatura caía para um bilhão de graus ou por volta disso, prótons e nêutrons se combinaram para formar núcleos de hidrogênio e hélio. Após cerca de 20 minutos, o Universo estava muito frio e com densidade insuficiente para a formação de núcleos continuar – já estava tudo terminado então. Um caldeirão de partículas atômicas continuou por cerca de 240.000 anos.

No final dessa época, já estava frio o bastante (aproximadamente 3.000 °C) para núcleos atômicos começarem a capturar elétrons; os átomos começaram a se formar – matéria, como a conhecemos. 300.000 anos depois do Big Bang, o Universo era uma névoa de hidrogênio (75%), hélio (25%) e traços de lítio. Com as partículas se agrupando em átomos, seria possível que a luz brilhasse; mas não existia nada lá para emitir luz. Os fótons estavam por aí, passando em alta velocidade, mas não havia nada para ver. Ainda podemos observar alguns deles hoje, na forma de "radiação cósmica de fundo".

Depois disso, não aconteceu muita coisa por cerca de 150 milhões de anos. Finalmente, o colapso gravitacional formou os primeiros quasares e depois de 300 milhões de anos as estrelas e galáxias entraram em cena. Tudo isso aconteceu à medida que pequenas irregularidades na densidade da matéria que se difundia fizeram com que aglomerados e lacunas se intensificassem. A gravidade fez com que as partes aglomeradas fossem se aproximando mais, juntando a matéria nelas contidas. À medida que a matéria foi ficando mais próxima, a gravidade tinha mais dificuldade para reuni-la e, finalmente, colapsou em si mesma. Enquanto isso acontecia, a matéria colapsada ficou tão quente e densa que os núcleos de hidrogênio começaram a se fundir para formar hélio, liberando enormes quantidades de energia em um processo

---

QUAL É A FORMA DO UNIVERSO?

Para tentar explicar como o Universo funciona, os cientistas o descrevem como tendo uma de três possíveis formas – aberta, fechada ou plana – mas ainda têm de se decidir por uma delas. Um Universo aberto tem uma curvatura aberta, como a curvatura de uma sela. Um Universo fechado não tem "extremidades" mas é uma curva fechada, como a superfície de uma esfera. Um Universo plano é, de forma bastante óbvia, plano – como uma folha de papel.

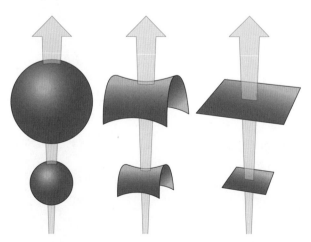

conhecido como fusão nuclear: nasciam as primeiras estrelas. Finalmente havia algo para ver.

Essas primeiras estrelas tinham vida muito curta e massa enorme (cerca de 100 vezes a massa do Sol) que logo explodiram na forma de supernovas. Os detritos se recompuseram formando novas estrelas. Vastas áreas de matéria se uniram para formar galáxias e galáxias em agrupamentos galácticos, formando finalmente o Universo que temos hoje. O nosso próprio Sol formou-se por volta de 4,6 bilhões de anos atrás a partir de matéria reciclada através de várias gerações de estrelas anteriores ao longo de 8 bilhões de anos.

Onde nos encontramos agora

Atualmente o Universo continua a se expandir e a se resfriar. Ele é muito menos denso hoje, com cerca de 10-26 kg por metro cúbico, ou 10-20 de miligrama de matéria por metro cúbico, resultando em cerca de 16 átomos de hidrogênio por metro cúbico de espaço. Há muito vazio. A distribuição e a movimentação de matéria pelo Universo são controladas pela gravidade, que puxa a matéria para si agregando-a, e alguma outra força – provavelmente matéria escura ou energia escura – que a espalha. Esse gigantesco puxa-empurra cósmico estabelece a taxa de contração (ou de expansão).

Ainda crescendo

O padre e astrônomo belga Georges Lemaître (1894-1966) foi o primeiro cientista a sugerir a ideia de Universo em expansão, em 1927, usando as equações de Einstein. Porém, como seu artigo foi escrito e publicado em francês a maioria dos astrônomos não leu por algum tempo. Esse trabalho foi traduzido para o inglês em 1931 e naquela oportunidade ele também sugeriu que se o Universo está em expansão certamente foi muito menor no passado, fato que chamou de "Átomo Primordial", com toda a matéria em um estado altamente comprimido. A expansão

do Universo foi confirmada pelo astrônomo Edwin Hubble em 1929 e, posteriormente, ficou conhecida como teoria do Big Bang.

Por um bom tempo, pressupôs-se que a taxa de expansão iria diminuir gradualmente. Depois, em 1998, dados do Telescópio Espacial Hubble (nome dado em homenagem ao astrônomo Edwin Powel Hubble) revelaram que o Universo não apenas continua em expansão, mas sua taxa de expansão tem aumentado. Isso realmente cria dificuldades para o entendimento do Cosmos.

FICANDO MENOR À MEDIDA QUE FICA MAIOR...

Em um estranho paradoxo, enquanto o Universo continua a se expandir, a parte que é o Universo observável (aquela que podemos ver ou da qual recebemos radiação) vai ficando menor. Ele não se contrai em termos de sua extensão física em quilômetros, mas a matéria dentro dele se reduz. A expansão afasta ainda mais de nós as coisas que se encontram na borda do Universo observável, ultrapassando essa fronteira e adentrando o espaço não observável. (À medida que o Universo for se tornando maior, nós veremos menos dele.)

Big Rip

Atualmente, muitos astrônomos são favoráveis ao Big Rip (grande rasgo, em tradução livre), uma teoria publicada em 2003 que funcionaria em um Universo aberto. Nesse cenário, a expansão do Universo continuará indefinidamente. Enquanto a gravidade agrega a matéria, a energia escura a afasta, aumentando o espaço entre as matérias. A velocidade de expansão ficará ainda maior à medida que o Universo for se tornando cada vez mais disperso e a gravidade oferecer menos resistência. As estrelas e os planetas serão "rasgados". Finalmente, até mesmo os átomos se desintegrariam. Em algum momento, em um período de tempo finito, as distâncias entre as coisas no Universo se tornarão infinitas. Como o Universo começou infinitamente pequeno, denso e quente, e terminará infinitamente

CAPÍTULO 25

difuso, isso sugere que seu estado finito (sua finitude) é limitado. Isso é melhor e mais agradável do que a ideia de que ele permanecerá finito por um período infinito.

Existe uma equação de aspecto assustador para calcular o tempo que levará antes de o Big Rip acontecer:

$$t_{rip} - t_0 \approx \frac{2}{3|1 + w|H_0\sqrt{1 - \Omega_m}}$$

O resultado se encontraria entre 22 bilhões de anos e no máximo 35-50 bilhões de anos.

A contagem regressiva para o desastre se iniciará por volta de 60 milhões de anos antes do fim, quando a gravidade ficará tão fraca que não será capaz de manter as galáxias juntas. Pouco a pouco a Via Láctea irá se afastar de nosso Sistema Solar (se ele ainda existir) e outros sistemas ficarão à deriva – mas não por todo o período de 60 milhões de anos. Quando estiver faltando cerca de três meses, os sistemas solares irão se desmantelar, já que suas gravidades irão se extinguir. Nos poucos minutos finais, estrelas e planetas serão "rasgados" e, no derradeiro instante, os átomos também serão destruídos.

Se vivesse para presenciar o fato, você teria aproximadamente um segundo para flutuar sem gravidade antes de se desintegrar.

Big Freeze

Um Universo plano seria aquele em que a expansão continuaria, sem acelerar nem desacelerar, mas prosseguindo a duras penas indefinidamente até que a matéria estivesse tão dissipada e o Universo tão gelado que tudo chegaria a um estado de paralisia. A temperatura do Universo tenderia para o zero absoluto (aproximadamente –273 °C). Finalmente, seria atingido um estado de entropia plena, ou seja, tudo haveria se separado e a matéria ficaria igual e escassamente distribuída por todo o Universo.

O que aconteceria provavelmente? Em primeiro lugar, as reservas de gás necessárias para as estrelas se formarem se esgotariam. Isso aconteceria daqui a aproximadamente 1-100 trilhões de anos, um período de tempo muito longo no futuro, sendo que mesmo a estimativa mais baixa é setenta vezes maior do que o tempo de existência do Universo até então. As estrelas já existentes ficariam sem combustível para suas reações de fusão nuclear, então morreriam

O UNIVERSO SE EXTINGUIRÁ UM DIA? COMO? • **183**

e o Universo escureceria lentamente. Buracos negros passariam a proliferar, mas mesmos esses se deteriorariam ao longo do tempo à medida que fossem emitindo radiação de Hawking, lentamente se erodiriam até se reduzirem a nada. Por volta de 10.100 anos, o Universo seria uma sopa rala de partículas como elétrons, praticamente estacionárias.

ZERO ABSOLUTO

O termo "zero absoluto" significa zero graus Kelvin, que equivale a aproximadamente –273,15°C. É o ponto em que a matéria não contém energia calorífera. Nada se move e surgem estranhos efeitos quânticos. A temperatura mais fria que os pesquisadores conseguiram chegar é 0,45 nK, ou aproximadamente a metade de um bilionésimo de um grau Kelvin.

Crescendo, crescendo – crescido?

A possibilidade de um Universo fechado levaria a um resultado completamente diferente. Nesse caso, o Universo atingiria um limite e, ao chegar lá, se colapsaria em si mesmo. A reversão seria lenta no começo, mas ganharia velocidade à medida que fosse progredindo. Inicialmente a contração seria relativamente regular, mas tornar-se-ia cada vez mais irregular à medida que a matéria se tornasse mais concentrada em áreas específicas. As estrelas explodiriam e evaporariam e, finalmente, mesmo os átomos se desintegrariam, como se estivéssemos voltando a fita da sequência em que a matéria apareceu depois do Big Bang. De acordo com alguns teóricos, os estágios finais do colapso seriam caóticos, causando gigantescas deformações do espaço-tempo. Alguns até mesmo sugerem que o espaço-tempo iria se reduzir a "gotículas", tornando sem sentido nossos conceitos de tempo, distância e direção. O processo de colapso poderia se completar daqui a 100 bilhões de anos aproximadamente.

Se o Universo colapsar num Big Crunch (grande crise, em tradução livre), poderia dar origem a outro Big Bang. Uma teoria chamada Big Bounce (grande salto, em tradução livre), sugere que o Universo em que nos encontramos no momento é apenas um de uma série de Big Bangs e Big Crunches que podem continuar

> *"Sem aviso prévio, uma bolha de vácuo absoluto poderia nuclear em algum ponto do Universo e mover-se para fora à velocidade da luz. Antes de nos darmos conta do que foi varrido à nossa volta nossos prótons teriam passado por um decaimento radioativo."*
>
> Michael Turner e Frank Wilczek, *Nature*, 1982

indefinidamente (e possivelmente têm continuado) com uma série de Universos finitos envolvidos por uma série infinita de expansões e colapsos.

Atualmente este é o cenário menos convincente. Desde o surgimento de evidências do aumento da velocidade de expansão em 1998, parece haver poucos motivos para supor que o Universo irá desacelerar e voltar para trás.

Big Slurp

O cenário final do Big Slurp (grande gole, em tradução livre) é o único com o qual vale a pena se preocupar no curto prazo, mas, mesmo assim, não há nada que possamos fazer para prevê-lo ou evitá-lo. Essa teoria se baseia na suspeição de que o Universo é inerentemente instável. Com base na massa do bóson de Higgs, se calcula que tudo que for capaz de se formar no Universo agora, de estrelas a formas de vida, podem assim fazê-lo apenas porque o Universo está vacilando, à beira da estabilidade. Uma minúscula bolha de vácuo absoluto pode se formar em qualquer ponto do Universo e se expandir exponencialmente em um instante (bem, na velocidade da luz) varrendo tudo que esteja presente em nosso Universo atual. Não o veríamos vindo, nem perceberíamos isso acontecendo.